当你的才华还撑不起你的梦想时。

特立独行的猫 著

Power up

武汉出版社

图书在版编目（CIP）数据

当你的才华还撑不起你的梦想时/特立独行的猫著.
—武汉：武汉出版社，2015.10（2018.4重印）
ISBN 978-7-5430-9615-8

Ⅰ.①当… Ⅱ.①特… Ⅲ.①成功心理-青年读物
Ⅳ.①B848.4-49

中国版本图书馆CIP数据核字（2015）第254119号

上架建议：心理学·励志

著　　者：特立独行的猫
责任编辑：雷方家
出　　版：武汉出版社
社　　址：武汉市江汉区新华路490号　邮　编：430015
电　　话：（027）85606403　85600625
http：//www.whchs.com　E-mail：zbs@whchs.com
印　　刷：天津盛辉印刷有限公司
发　　行：北京天雪文化有限公司　电　话：（010）56015060
经　　销：新华书店
开　　本：880×1270mm　1/32
印　　张：8　字　数：185千字
版　　次：2016年1月第1版　2018年4月第3次印刷
定　　价：36.80元

自　序

希望你的青春，无所畏惧，没有遗憾

想来是件很奇妙的事儿。

第一本书出版时，我是单身；

第二本书出版时，我刚买房；

第三本书出版时，我结婚了；

第四本书出版时，我生了孩子。

写这篇文章的时候，我刚刚过 30 岁生日。仔细想想，从 23 岁开始，一次说走就走的旅行，一场轰轰烈烈的爱情，day day up 的工作，各种小梦想实践再实现。我的正青春里，无所畏惧，没有遗憾。

很多人问我，这些年你一直写励志的鸡汤文，天天这么励志不累吗？

事实上，我从来不曾想要写什么励志，写什么鸡汤文。我一直都只是在分享自己从毕业开始所走过的每一步路。有自我感觉牛 × 哄哄不可一世的样子，也有痛哭流涕感觉过不下去的时候，有月朗星稀为自己感动的夜晚，也有忙忙碌碌到失去自我的瞬间……我生气过，悔恨过，失去过，也得到过。我走过的每一步，可能也是未来的你要面对的世界。我只想把我遇见的一切写下来，给在世间每一个角落里拼搏奋斗的你，在暗夜的孤寂里独自奔跑的时候，希望你能看到一点点光亮和希望。这就是我的初衷，我也一直这样坚持着，整整七年。这些文章不鸡血，不励志，像流水账一般，记录下我正青春里的每一次内心的波动与思考，是我的纪念，也是我想悄悄告诉你的：别伤心，别难过，你看，我就是这样走过来的，别怕，跟我一起来。

现在回首，总觉得前几年的自己太拼，甚至是没有思考的拼。你问我值吗？对吗？我不知道。如果人生回转，我想我会多思考，而非一路莽撞地奔跑。你问我为什么我周围有那么多励志的对象？我不知道，我一直相信，坚持是一种品格，努力是一种习惯。我周围有很多比我能干、比我有钱的人都很努力，自己还哪有懈怠的借口与理由？你问我，自己身边没有榜样的力量该怎么办？生活中遇到过很多人，只要有值得我学习的地方，就可以成为你我的榜样。从每个人身上学习一点点自己没有的内容，你会发现生活里到处都是励志对象。

七年，从刚进社会的年轻女孩，变成已婚有孩的少妇。我的文风也从飞扬跋扈，渐渐变得温软平和。有人问我，为什么觉得不如以前励志？亲爱的，我想告诉你一个真相，这世界从来没有谁能给你鸡血，只有自己能给自己鸡血；这世界其实谁也激励不了你，只有自己给自己加油鼓劲。也许，这就是为什么，坚持和毅力是件非常困难的事，而这却是最真实的社会。相比前几年的飞扬跋扈，我更喜欢将如今生活里的一点小发现和小体会分享给你，因为在日复一日的生活里，懂得从日常生活中挖掘和发现成长的真相，并在努力的每一天中不断实践，才能得到最坚实的进步，远比每天睡前打鸡血，起床后却一切涛声依旧更真实有效。

每天看着牙牙学语的孩子，内心有很多波澜。或许，成为父母之后，才能体会到父母养育自己的辛苦和患得患失，也才能明白想把最好的一切给自己的孩子是怎样的含义。也就是在这个时刻，我真切地感受到，不抱怨社会，不抱怨不公，努力让自己每一天都进步一点点，让越来越强大的自己，给父母舒适的晚年，给孩子无忧的童年，是件多么幸福的事。

有人问我，你心里的人生大赢家是什么样子的？我觉得，如果时光倒退十年，我希望在 20 岁生孩子。这样在我 30 岁的今年，儿子已经 10 岁啦，朋友们同事们不要太羡慕我啊啊啊啊啊!

最后，我想说：
从 2008 年到 2015 年，
我的 23 岁到 30 岁，
整整七年，
谢谢你们陪我度过整个正青春。
我的后青春时代开始了，

希望，我们，依然在一起，

当年你看我颠沛流离，

今后我陪你结婚生子，

爱你们!

特立独行的猫

2015 年 11 月 13 日

PART 1

我们都一样，年轻有希望

我们都还年轻，年轻就充满希望，年轻就是我们最大的资本。只要我们不荒废了我们的青春，未来就向我们敞开了无限的可能。

PART 2

现实很残酷，你要变强大

现实是很残酷的，它残酷到可以触痛你的梦想，可以让你鼻青脸肿，但现实又并不可怕，前提是你先要让自己变得很强大。

PART 3

渴望戴皇冠，就需自身硬

皇冠灼灼生辉，是梦想与荣耀的象征。当你的才华还撑不起你的梦想时，你就需要玩命地提升自己的实力。欲戴皇冠，必承其重。

CONTENTS   目录

PART 4

紧紧抓住爱，用力狠狠爱

爱是人世间最甘甜的清霖，它滋养着我们，让我们找到人生与生命的意义。请紧紧抓住你的爱，与朋友、与亲人、与同事。

　　我们都还年轻，年轻就充满希望，年轻就是我们最大的资本。只要我们不荒废了我们的青春，未来就向我们敞开了无限的可能。

那些年，我在北京租过的房子

2006 年，因为转学到北京，我开始在学校门口租房。我人生第一次自己租住的房子，是学校附近不远的城中村。城中村的入口在清华旁边的一条宽广的马路上，门口看只是一条普通的巷子。走进去 1000 米，才会看到里面别有洞天。这个城中村全部都是平房，以及农民自己搭建的小二楼，住着的都是附近卖菜的、送水的，或者做小生意的一些社会最底层的劳动人民。我住的房间大约有 40 平米，平房，一个月500 块，和三个女生一起合住，每人的租金不到 200 块钱。没有厕所和厨房，都要去公用的厕所，有时候你在坑上蹲着，面前就飘来一只大狼狗。这里什么都有卖，打电话都便宜得很，瓜果梨桃卖得也很便宜。我在这里住了大约一两个月，因为治安不好，天天有房间被盗，而我跟同屋的女生也不太处得来。她们要早起早睡，而我还是学生要做功课。几次矛盾下来，我就离开了。我再也没有回去过，但是每次看到电视里南方工厂里打工妹生活的纪录片，我就会想起那个地方来，总觉得，那是特别珍贵的一段经历和记忆。

后来我搬家到学校门口一个房子里的床位，一个三居室，住着 14 个人，我的小房间有四个女生，另外一个大房间有八个男生，还有一对小情侣在小屋里住着，每人 300 元每月。我在这里住了大约两年，舍友换了无数无数，中国的外国的，打工的考研的，精神正常的精神不正常的。有个姐姐的老公在对面的学校里读博士，她在门口租一个床位陪读，后来他们毕业后一起去了美国。有个女生在那个屋子里考了三年北大光华 MBA，终于梦想成真，考上的那一天她哭得坐不起来。有人在那个屋子里恋爱又失恋，有人在那个屋子里每天摔摔打打。每天晚上排队洗澡洗衣服像一个风景，着急的时候头冲着水龙头随便洗一下就湿漉漉的去上课了。那时候似乎谁都没有想起来还有吹风机，也不觉得人多。14 个人一起在客厅看电视的时候，拥挤的场面简直像世界杯直播一样热闹。

大学最后一学期，我因为实习在 CBD 区，天天上班要 2 个小时实在要吐血了，于是在北京大望路地铁站旁边与人合租了一间房。这间房子总共 6 平米，一人一张床占 4 平米，还有半平米放衣柜，剩下 1.5 平米的地面。这间房子价格 800 元，我和另一个女生一人 400 元，那时候实习工资是每月 1200 元，后来变成 1760 元。我们两个都是一个行业，因此相处还比较容易。我实习时候经常加班到深夜，每次回来的时候，她已经睡了，只有灯亮着，电脑开着，收音机在被子里也开着。每次回家都要翻开她被子找收音机关掉，再关灯关电脑。她的电脑是台式机，总是轰轰的声音，我叫她的电脑是拖拉机。我们一起住了半年，彼此毕业开始正式工作，但低廉的工资让我们依旧只能还住在这个楼里，因为这里是还算黄金位置的大望路地铁边上唯一的年代久远的简子楼，价格比同小区的高层住宅要便宜很多。

后来她换到另外一个 20 平米的大房间里与人合租，我继续一人租这个小房间租了半年。这期间，我很好的大学朋友去了法国读 MBA，临走和我坐在小房子里聊天，房子太小了，我有点不好意思让她来。我妈来北京看奥运会也住在这里，因为太热没有空调，我妈睡在地上，我睡在床上。我妈后来说，看见我住的地方这么小，心里很难受。这期间我还买了我第一个笔记本，是一个二手的笔记本，1200 元钱，我就是用这个笔记本开始了我的写作道路，一直到三年后这个本光荣就义。

又过了半年，隔壁的姑娘要换房子，我就去了隔壁 20 平米的大房间，每月 1000 元，水电网另计，怎么也要每月 1200 元吧。网络我从一楼的一户人家牵线上来，上来后还分给三家用，因此每月大约 20 块钱就够了。到现在每次交很贵的网费的时候总是想起这事儿，还总想从隔壁分一根线，可惜没人跟我分了。要说这个房子大而光明，还挺不错的，但唯一的问题是厕所。因为四家合用，隔壁是三个男生，一对夫妻，门口那家是八个洗脚妹，人多到厕所巨堵，到后期天天屎飘在马桶里，你还不得不继续上。更惨烈的是有时候你在旁边洗澡，旁边就是飘着屎的马桶。找人来通了很多很多次，但终究不知道为什么还总是要堵。门口的打工妹用洗衣机总是把水流到楼道里，楼上和楼下的邻居就会来破口大骂，好几次打 110 报警，每次我都要连哄带骗地安慰邻居，再收拾楼道，因为洗脚妹们开着洗衣机就不知道去哪儿玩儿去了。在这个房子里，我开始每天 1500 字写博客，雷打不动地坚持，开始用电饭锅给自己做饭，买了一个二手洗衣机 200 块钱，都是从这里开始。

　　房子到期后，我决定离开这个屎太多的地方。于是在网上找到了蒲黄榆的一个房子。这是个大约有 20 年历史的老房子，是个高层，还是个银行的宿舍，因此邻居都是老人家，且鲜有租客。房子陈旧，但能看得出当年是新房的时候，房东还是花了大力气装成当年最时髦的样子，家具虽然过时，但都是上好的实打实的实木家具。在这里，我结交了非常好的朋友。她们知道我是个半夜写作白天上班的人，因此主动承担起三年倒垃圾打扫卫生的工作，从来不用我动手，也不用操心。可能我做饭比较烂，她们每次都做好饭给我送来吃，从来不让我进厨房，还说我进厨房一次她们要收拾半宿还是她们来吧。起初我在这里租住最小的房间 6 平米，600 元，小小的、热热的，但很温馨，我就在这个小房间里写了我人生的第一本书《从北京到台湾这么近那么远》。那时候记者来我家采访，三个人根本站不进来，只能我和记者坐在床上，摄影大哥站门口，还有一位站走廊里。现在每次看到这本书，都忍不住想到那些小日子，**只有梦想，能让人克服一切的困难，让每天的日子，都闪闪发亮！**

　　后来我转到隔壁 20 平米 1000 元每月的房间里，到我走的时候房间的价格差不多 1500 元一个月，因为是房东直租，依旧算是很便宜的价格吧。只是唯一重大的问题是，这个房间楼下正对着一个神经衰弱还有心脏病的老太太，只要我在楼上小心翼翼地走一步路，老太太都会认为是天大的声音而找上门来，甚至为此心脏病发急救过。后来，房东把新买的地毯都放在了我的房间里，老太太依然能听到声音，甚至半夜一点把110叫来投诉我扰民，可是110来了看见什么都没有随便打发下就走了。无力承受老太太的生命，只能三五天去一趟老太太家，提着瓜果梨桃去看看她是在家好好的还是又去医院了。在这个房间里，我写了我人生第三本书，并跳了槽，度过了两年半的时光，我毕业后重要的人生转变，职场转变，以及迅速的成熟长大都是在这里，包括遇到最好的朋友，以及终于过上了安全而安稳的生活。

后来，因为租房的价格愈发昂贵，我买了房子；再后来我结婚，又换到了婚房里。尽管自己的房子干净又整洁，安静又安稳，但我总记得那些租房子的时光，那些铭刻在我青春里的每一天，那些心惊胆战又脏乱差的日子，被110训话或被邻居投诉的日子，像利剑一样挂在我心上，又像星星，回想起来会给自己点赞。直到现在，我依旧喜欢帮朋友找房子，喜欢没事儿看租房网站，总会回想起以前自己租房的日子，以及那些在下班后黑灯瞎火与中介去黑漆漆的小区看房子的场景。

我一直相信，有一天每一个人都会有自己的房子，自己的家庭。这大千世界的一隅，总有一天会有一盏等着我们回家的灯。而年轻的时候所有的颠沛流离都将成为日后心中的慰藉，是青春的圣火，是跃动的生命。它们闪着光，透着亮，提醒着我们曾经那么年轻，曾经那么敢闯，曾经天不怕地不怕，曾经什么都可以接受和忍耐。

所有的年轻，有一天都会长大与成熟，当回忆往事的时候，望着远方，嫣然一笑，就是对青春时光里所有的所有，最好的诠释与珍藏。

土豪并不可怕，可怕的是自强不息的土豪

　　我有一个高中同学老高，在日本开餐馆并且做代购，每天忙得跟狗一样。虽然是餐馆老板，但也要白天自己刷盘子，用餐高峰期的时候端盘子、倒水、结账一个不差。稍微有点时间就去各大商场给需要代购的客人买货，晚上下班后点货，半夜去邮局给国内的客人发货。老高累得喘不过气的时候，就喜欢给我发微信，我每次都给她讲一个身边自强不息的土豪的故事，来鼓励老高努力赚钱，给我儿子送多多的纸尿裤。在讲了第 18 个土豪的故事后，我们总结出来一个观点：土豪并不可怕，可怕的是自强不息的土豪。

　　其实我们所讲的土豪，并不是什么大富大贵的二代们，那些大土豪跟我们开始就不在一个世界里。我们讲的只是我们身边家境优越，看起来不需要怎么奋斗就可以活得很滋润，但跟我们活在一个水平面上的土豪们，或者说就是那些很多人嫉妒，觉得老天不公平的对象吧。挑几个例子，给大家也分享下。

一号土豪：父母有钱可以提供资源，但要自己努力。一号土豪是我的同学，属于父母有钱的类型。她是钢琴特长生，上世纪90年代初父母就在外企上班，在全国人民月薪差不多是200元的时候，人家父母已经月薪好几千了。学钢琴是个富贵的爱好，不仅要孩子自己有兴趣，更要有强大的财力支持，才能看见点效果，否则只有夭折在半山腰。一号土豪叮叮咚咚学了十几年，本科没毕业就去了加拿大著名的音乐学院，并成为全球青年钢琴家之一在全球巡回演出，如今更是在美国最著名的音乐学院读研究生。父母早已在国外给一号土豪买了大别墅，全家也已经移民海外。看上去多么完美的家庭，多么完美的小孩，仿佛一切都是为她天造地设的，坐等毕业。提起每天的生活，一号土豪跟我说："我每天5点就要起床，6点出发去学校琴房开始练琴，中间有课的话就上课，或者给小孩上课赚外快，没课就一直练琴到半夜12点，再开车一小时回家。我每天都是这样过来的。"

　　二号土豪：老公的钱当然是我的，但我也要有自己的爱好和价值。这年头没几个不想找个有钱男人的姑娘吧，但男人的钱和房子是否也有自己的一半一直是婚姻关系首当其冲的大敌。二号土豪就嫁了这么一位有钱的老公，老公不光有钱，还特别疼爱她，要啥有啥要啥给啥。二号土豪的老公是做境外贸易的，买卖也挺庞大，家里也有几个亿，而二号土豪是个同声传译，工作挺多年积累了不少人脉和资源，地位也挺高，每天也忙碌着奔波在各个高端会议之间，有时候还不得不带着儿子去会场待着。她准备过几年移民去欧洲，某次我问她："你都快移民了，家里这么有钱，你这么累干吗？在家待着玩两年就该走了。"二号土豪说："我老公的钱当然是我的，但我也要有自己的爱好和价值。

移民后我能干什么我还没想好，但能在国内待一天，我就得让自己忙活起来，这样对孩子来说也是个榜样呀，我可不想将来孩子问我为什么妈妈不工作。"

三号土豪：可能很多人生下来就什么都有了，我没有，但我自己可以挣。三号土豪是个小哥儿，比我还小两岁，是大学兼职的时候认识的。当年的三号土豪，还是个刚上大学的小男孩，我们排班在一组，因此交流也会比较多。三号土豪从小家境十分不好，在农村很穷的地方，据说走出大山要三天时间。虽然不富裕，但家里认为只有读书才能让他走出大山，因此拼命供他读书。三号土豪从高中进入县城读书开始，就开始勤工俭学，大学第一年的学杂费没问家里要一分钱。后来我们偶尔有联系，他不断找到新的工作机会锻炼自己，大学没毕业就开始创业，毕业第二年就开始投资房产，陪客户喝到半夜在微博找代驾。前段时间再见到他的时候，他正在读MBA，父母也早已接到北京一起生活。谈起过往，他说："刚毕业时我还住地下室，花几百块买了个二手笔记本，想不到现在自己也能读上MBA了。可能很多人生下来就什么都有了，我没有，但我自己可以挣。"

看完三个土豪的故事，可能你会说："那是他们生来就有，或者能找个好老公、好机会，我就找不到啊。"也许你还会酸溜溜地说："有钱就一定会幸福吗？"但不管你说什么，他们都依然是土豪，你依然不是；不管土豪们的原始积累来自哪里，总有那么一个人，为自己或为家人曾经拼命努力，在所不惜。讲这三个故事，并不是想要讨论有钱没钱的问题，而是想说，土豪都这么努力，你不努力还有活路吗？

　　其实我们每个人身边都有这样一位土豪，他们比不上大富大贵的人家，但比起我们绰绰有余；他们有比我们更多的资源，但也与我们一样，甚至比我们付出更多的努力。只是很多人不愿意正视这样的现实，而总在心里找理由地想："他是因为家里有钱才有机会。""××老公有钱她才可能一门心思工作，我还要为房租奔波呢。""工作那么累，哪有时间兼职啊。"

　　土豪是因为自强不息才越来越土豪！就算女土豪有个有钱的男土豪，那也是因为他们在精神上的高度一致，才能走到一起，让他们更棒更土豪！土豪并不可怕，可怕的是自强不息的上豪。人生奋斗路，别总说自己不爱钱，也别说自己没什么物质欲，这都是人生来的基本需求，没什么可丢脸的。**就算你现在还不是土豪，但要在心里有点土豪的勇气，别总说自己是个穷人，心理暗示得越多，你就会越来越穷！**别总把人生失败、女友变心什么的归结为穷，如果就这境界，那你这辈子真土豪不起来了。

　　老高说："我以前连自己吃过饭的碗都恶心得碰都不碰一下，现在居然刷别人吃过饭的碗。"其实代购老高也是个小土豪，在高中我们人人都穿校服和服装城便宜货的时候，老高已经天天阿迪、耐克，打扮得跟杨二车娜姆一样花枝招展地谈恋爱了。其实我没想到，跟我住头对头床铺，半夜不睡觉嗑瓜子儿的老高，家境优越的老高能吃这么多的苦，能为了自己和家人的幸福这么打拼。老高心里还有个梦，

当你的才华还撑不起你的梦想时

就是做一名服装设计师，据说她已经开始起航了，和一名日本的服装设计师合作，她负责创意，对方负责绘图和制作。在我心里，老高的未来，就像网络红人少林修女说的那样：温和而礼貌，安详地散发着有钱人的气息。

这七年来，下班后我一直在坚持写作

从 23 岁开始到现在 30 岁，我一直在坚持一件事，那就是写作。23 岁刚毕业的时候，我开始在 QQ 空间写文章，也在其他地方零零散散地写。有朋友跟我说，应该都集中在一个地方，我觉得很对，于是在新浪开博客，写自己的工作和生活体会。三个月后，得到出版社谈约出书，但那时候觉得自己的文笔太稚嫩太张扬，思想也比较单纯和偏激，于是拒绝了这方面的出书提议。

24 岁的时候，我去了一趟台湾。25 岁的时候，在博客上把在台湾的游记经历写下来，很多台湾人看到之后很惊讶，纷纷转发在台湾的 PTT 上，也就是我们所说的 BBS。26 岁的时候，这些游记在台湾大热，于是出版了第一本民间台湾自由行游记，是繁体字的港台版。

27 岁的时候，出版了第一本关于职场与生活的书，台湾游记大陆版也与同年出版。28 岁的时候，出版了自己的第四本书，《不要让未来的你，讨厌现在的自己》，也就是去年卖得特别好、也让很多年轻人很感动的一本书。今年，生了一个儿子，在坐月子的时候我也坚持在写一点东西，希望在今年冬季能推出一本新的书。

一 写作是一件需要坚持的小事

这七年来，我一直坚持写作，虽然没说写得特别好，但是坚持下来了，这对于我来讲，本身就是一个非常大的收获。因为我并不是一个特别能坚持特别有毅力的人，在写作的路上也遇到过一些问题和不愉快的事情，所以并不是一帆风顺的。写作对很多人来讲，并不是一件大事，它是一件特别小的事情，或者说是很私密的事情，只是，坚持做一件事很难，坚持写作七年对我来讲也并不是一件很容易的事。比如说：

23 岁刚刚开始写作的时候，当文章第一次被放上了新浪的首页推荐阅读，被领导怀疑动用了工作上的媒体资源。我当时负责的工作客户内容和所认识到的媒体跟我写的题材有很大差距，我不可能动用什么关系。那时候我年纪小，没办法辩解，不知道向谁解释，也不知道该怎么倾诉，自己就很难过。一些年纪长我一些的同事，背后谈起这件事的时候，会用一种不屑的口气，甚至经过我的座位还会翻白眼。那时候我刚工作，每天下班很晚，还有精力写文章，进行脑力活动，被质疑是不是下班很早，或者用上班的时间干私事儿。这些猜测到今天可能都没有停止过。但，这并没有摧毁我，我依然每天写 1500 字，在别人都睡觉都唱歌都吃喝玩乐的每个加班之后的夜晚。

我为什么开始写文字呢，还有一个原因，就是我在第一家公司上班时，英语不是很好，同事又多是有留学经验的，英语和母语一样好。我一想，这拼英文我估计白给，高手林立哪有我的地盘，那我就拼个中文吧。所以坚持每天都在写，三个月后，我开始慢慢在各大网站上看到自己的文章，这也许就是源于这个初衷——写好中文，也是对过去的一种见证和鼓励。

二 坚持写作的八大要素

1. 目标和动力来自哪里。很多人不知道自己的目标是什么，想要干什么。我刚实习的时候，每天忙得昏天黑地，回到家收拾东西就睡觉，早上赖着不想起床，一是太累，二是不知道自己要干什么，持续了几个月的时间，开始发现不太对，记得入学时候的目标是要过六级、考托福、GRE、大三的时候是要找好工作，找实习，练习各种各样的面试和笔试，知道自己今天要做什么，明天要做什么，但实习的时候却不知道，生活没有目标，无所事事混日子，吃吃喝喝，买买东西，睡睡觉，这是很多人的状态。

一个人下班后两个小时做了什么，决定他未来会成为怎样的人。

我一直坚持下班后一个小时写作，很多人会问这样是不是很苦，不去逛街，不去找男朋友，这种日子是不是太无聊，太难以忍受？但其实相反，这是一件很容易的事情，习惯就 OK 了，又不是一天 24 小时都在写作。当然，坚持写作还有另外一层作用，那就是工作上的很多事是不能控制的，比如职场的明争暗斗，同事的背后一刀，当你在职场不愉快的时候，发现下班后还有一件能让你开心、能让你转移注意力的事情，这是一种非常幸福的感觉。因为你没时间让那些恶心的琐事烦心，下班后你也有重要的事要做，因此培养自己的一个爱好，能让自己尽可能多地保持自己原来的样子。

2. 迷茫是每个人正常都会有的状态。很多人说很迷茫，不知道生活的方向。其实你不需要问任何人该怎么办，因为没有人知道什么是对的。

年轻人都会迷茫，你的迷茫与社会、国家、体制没有关系，只跟你的年纪有关系，即便是六十岁的时候你也会迷茫，这是人生每时每刻都会存在的问题，所以不要觉得迷茫就是不对，特别焦虑，成为你不好好努力的一个借口。如果迷茫，就更要不断去尝试你所想到的东西，比如我自己，当看到商场木制的东西特别贵，于是就报班学了，才知道木工做起来不仅难，而且粉尘的污染非常伤身，也就知道自己做不了，不适合做这份工作；我不知道商场的衣服为什么这么贵，又学做衣服，发现自己根本干不了这事儿。我学过很多事情，上过很多培训班和兴趣班，也就知道了为什么有些事情自己做不了，也开始知道了它们的价值，慢慢学会了欣赏和敬畏。所以要不断去尝试，你会慢慢筛选出适合你的东西，就像 7 年前如果不去写东西，而是去和别人拼英文，也许英文可能会很好，但可能我永远发现不了自己其实可以写字。

所以，你不能因为你迷茫，什么事都不干，因为不知道前面的路怎么走，就什么都不做只给别人写信诉苦求助。其实这样只能耽误你自己，耽误不了别人，该往前走的人还在往前走，所以不要再问别人，没有人告诉你什么是对的，你要去不断尝试才能发现什么是对的，这件事只能你自己去做，任何人都帮不了你。

3. 为什么坚持了这么久还是没有效果。做任何事情，认真坚持三个月，最好坚持一年。坚持三个月，你能看到一些成果，比如减肥、健身，三个月足够了，足以练到一个很好看的体形。我周围很多朋友坚持三个月后，脱胎换骨般变了个人。很多人会问，天天跑步，不会伤膝盖吗？健身不会这样那样吗？当你看到别人脱胎换骨后，你会发现时光在他身体上留下了痕迹，但你没有，你每天在睡懒觉，下班准时刷卡，吃很多不健康食品，所以你看不到效果。所以一定要坚持三个月，不是三天，三个星期，而是三个月。如果没有坚持到这么多的时间，最好别问为什么没有效果，除了长胖三天出效果，其他都得需要点时间。

4. 怎么判断这样的坚持是有效果的。很多人问，我写了这么长时间，为什么还是没有人来看？其实什么是有效果呢？成名？赚钱？很多人想做一件事的时候，首先想到的是开个公众微信号，要拉粉丝，让全世界的人都知道，然后让别人加你，关注你，每天打卡，这样做，那样做。事实上，如果你这个领域做得很好了，比如你读万本书，一千本书，你很有心得，可以做这样的事情，但如果你一本书都还没看，一部电影还没看过，你从今天明天开始想要做这件事情的时候，没必要让全世界都知道，全世界也没什么人有兴趣知道。所以很多人问写文章怎么写才能让别人知道，怎样做才能让新浪看见，文章怎么能上头条，怎么投稿，怎么变成一本书，怎么赚稿费，其实很多事情做好之前是不需要跟别人说的，一件事如果很早让别人知道，很影响一个人的注意力，一旦注意力被分散就很难做成这件事情。

现在微信公众号特别多，但真正能够做到很好的却是那些特别用心去做的少数。比如你想要做一个关于励志方面的公众号，每天分享很多励志方面的文章，首先要问自己阅读过多少文章，量有多少，知道多少人在写这样的文章，跟他们是否有过联系，要知道该怎么做，如何安排时间等，这些都需要自己先思考。

5. 遇到困难怎么办，继续往前走还是放弃。面对困难时，要知道世间除了生死没有多大事，遇到事解决了就好，不用太纠结。如果你经历的日子里边一帆风顺，那这样的生活也没什么意思。有的人可能一生平坦，每天按部就班上下班，没有任何人对你产生阻拦，没有遇到任何困难，这也许并不是什么好事。有人希望在这种生活状态下成就一番大事，不再这样平庸平淡地生活，但是当遇到困难时又会产生退缩、抱怨，所以当决定一件事情时要自己先想清楚，如何面对困难。其实遇到困难的时候正是你最能成长的时候，只有解决困难才能证明自己在成长进步，遇到困难的时候是你接受历练、真正进步成长的时候到来了。

6. 一个人看电影、学习、生活感觉特别孤独、寂寞，如何排解。孤独是一种常态，一生中没有人能陪你一辈子，包括你的父母、孩子，有些朋友只是你人生某个时段的陪伴，人生大多数时候都是一个人在孤独中度过。有很多人我们认识了、离开了，也许杳无音信，再不相见。

如果你不能很好地做到自己跟自己相处，那么做很多事情时都会出现障碍。你要清楚地知道孤单不是一种错，也不代表心理有问题，这只是一种常态，你要学会跟自己相处，学会跟自己的内心独处。

7. 父母不相信你怎么办。我开始写作时家人不相信、不支持，但几年过去以后，当我在这件事情上做出一些成绩的时候，才能让他们相信这件事情是好的，这不能怪父母。首先要问问自己，曾经做过什么成功的事情，让你的父母可以相信你。如果你从小到大什么都没有做成过，甚至坚持十几年的学习都没学好，那你凭什么让父母相信你能做好呢？假如你是父母，你会相信一个吊儿郎当上学什么都学不好的孩子能做出什么惊天动地的大事，并要给予百分之百的精神、物质上的全力支持？

那怎么办？

那就不信任不支持，不信任也不妨碍你做很多事，如果你已经工作了，能够独立挣钱了，那就没有问题。上学时你每天旷课，不努力学习，考试考得稀烂，你也没经过父母同意，如果你经济能够独立了，那也没必要非得坚持父母的意见，你完全可以该做什么就做什么，没必要去问父母的意见，不信任就不信任，那又怎样呢？但有一点，所有的好的坏的结果，都要你自己去承担。别承担不了让爹妈给你赔钱。

8. 面对同事和亲朋好友的流言蜚语怎么办。同事和亲朋好友们的流言蜚语，是因为他们做不到，所以认为你做到了是一件不可能的事情，比如我坚持这么多年写作之后发现，每天点灯坚持一件事并不是什么大事，但对于别人的诋毁，却是很大的伤痛。记得第一次上新浪首页，同事说你有什么啊，还不是利用公司的资源。比如第一次在台湾出书，他们会说肯定是有人给你投资了，背后有人给你出资了。比如第一次签约电影版权，他们会认为肯定是被导演包养了，那些痕迹会在心里变成一点点的伤痛，可能原来是一个性格开放的人，现在变得有些高冷，很多写作的朋友都有一些高冷。

七年之后的现在，我开始做电影，写的文章满天飞，有很多文字，甚至改变了一些年轻人的青春路，对很多人有积极的作用，这就是成绩，成绩并不是说一定要挣到了钱,挣到了名,只是让更多的人变得越来越好。如果你总被人嫉妒，说明你被人关注，只要被人关注，总会有流言蜚语。

你要知道这个世界的险恶，但是你总会过上洒脱的生活。你要明白无论做任何事情，都不用去留意这些流言蜚语。你一定要相信你总会遇到一个真正懂你的爱人，不惜一切代价要在你的身边。你也会遇到一个非常相信你才华的老板，会像你自己保护你的才华一样保护你，欣赏你。你也会遇到相互扶持的好朋友，他们会永远站在你的身边，变好了不嫉妒，变坏了他们帮你。有一天，你一定会过上你想要的生活。

三 给年轻人的建议

关于二十多岁的年轻人，我有一些建议：一定要多听、多看、多思考，多聚餐，参加各种各样的活动，多看展览，多去长见识，而不是天天购物逛街刷淘宝。

要多交优秀的朋友，他们身上有很多我们不具备的优点。很多时候我们会说："哎，你看那个人，每天那么努力那么拼，他一定好累好累啊，我才不要过那样的生活，我要生活自由，我还怕过劳死呢。"可是往往说这句话的时候你不知道，你的终点可能只是别人的起点，你觉得难以忍受的事情可能对别人来说只是平常。

这么多年来我一直有认识很优秀的人，这些人有共同的特点，就是勤奋和坚持，勤奋和坚持使他们成为很棒的人，勤奋和坚持也已经成为了他们的习惯。所以你一定要让这些勤奋、坚持成为你的习惯，让优秀成为你的习惯，千万不要觉得人家太苦，那是人家的常态，比如说早上六点去跑步，人家什么时候要去健身，什么时候要去学习，半夜两点钟还在读书，不是人家苦，是你太弱。坚持住，慢慢来，不要一步登天，也不要把目标定得太过远大，慢慢地让这些美好成为描述你的形容词。

四 问＆答

问：我已经 20 多岁了，学习是不是还来得及？

答：我过去曾经看到一段话，一个人说我已经 25 岁了，学英语还来不来得及，有人回答，你可以学也可以不学，你现在开始学，等你到了 30 岁的时候，不一定学得多好，但是起码你还会一些，如果你不学，那你 30 岁的时候，依然什么也不会，所以每次当我遇到这样的问题的时候，总会想起这个段子，现在分享给大家。

问：遇到人生低谷的时候怎么办？

答：睡一觉，或者吃东西，或者看电视看看书就好了。我一般睡一觉就好了，就忘了。

问：打鸡血备考的时候，为什么第二天感觉又浑浑噩噩？

答：因为这些没有变成你自己的，你只是看到别人的故事，你只是看到故事表面，没有看到这个人的坚持，这个人的隐忍，这个人的努力，这个人的奋斗，你只是看到他赚到很多钱，说我一定要这样做，所以你第二天又浑浑噩噩了。你一定要早睡早起，吃好饭，不要吃太多，坚持做一件事情，从小事做起，比如每天坚持洗头发，每天坚持晚上少吃点，每天背两个单词，只有这些小事你坚持 21 天，你就会形成一个新的习惯，做到小事可以坚持，你才会在大事上明白坚持是一种什么感觉，去扩大成就感，才会在大事上坚持。

问：工作是不是要换一个？

答：看你情况，你想换就换，你不想换就不换。工作的问题自己解决，没有办法帮你决定什么。

问：如何克服拖延症？

答：从小事做起，关键在于你想要什么时候开始。比如说，你想要今晚洗澡吗？是马上去洗，还是拖着？可能拖到十二点就困了，不想洗了。这时候如果拖着身体必须去洗，那可能就很难受，那你不如现在就站起来去洗，都是从小事情上慢慢去锻炼自己，克服拖延症，慢慢你才能把大事的拖延症都克服掉。

注：本文为作者在某论坛活动中的演讲稿。

经历怎样的辛苦，才配拥有怎样好的人生

我做传播六年时间，大牛前辈见过很多，可毫不夸张地说，A 先生是我在传播同行业里见过的最牛的人。年轻、英朗，没有他解决不了的问题，拥有战无不胜的骄人业绩，任何事情在他面前都会瞬间被分解、再整合，让人一目了然、拍手称赞。像这种大牛前辈，任何人看上去都会觉得他因为有天赋才做到了今天的成绩，当然，我也这么认为，一直到我断断续续地听他讲了他以前的故事，才慢慢拼凑出一幅画面，而这幅画面，很少有人知道，但足以让我这个也挺傲娇的人叹为观止。

A 先生从毕业时的 23 岁到 27 岁，五年间已经做到了广州某行业顶尖的位置，按理说如果这条路走下去，一定前途坦荡，但似乎总觉得太过顺利，而内心又真的喜欢传播，想想未来他更希望自己成为一个传播人。于是 A 先生在 27 岁的"高龄"，放弃了优厚的生活条件来到北京，进入传播界全球最好的公司从头开始，与他一起并肩作战的，

都是23岁刚毕业的孩子。A先生自觉起步晚就要奋起直追，于是他拿着最底层的薪水，租住在北京的地下室里开始全新的征程。不会写新闻稿，就把客户曾经的新闻稿都背熟；英文不够好，就一本本地背英文书籍和客户资料；商业背景缺失就去买来商业管理书籍学习……A先生在前年之前都住在离公司30公里远的地方，早年没有车的时候，北京地铁也不发达，更到不了他住的那遥远的地方，于是A先生风雨无阻地每天坐三趟公交车上下班。因为起步晚，用功就要比别人多，加班到午夜自不必说，就是早下班回家也要自学和研究行业知识到凌晨一两点。当然，能下这工夫的人少之又少，之后的几年间，A先生升职极快，赢得了越来越多客户的信任与赞赏，十年下来，累积了现在的成绩。

关于A先生此时有多牛，有多少人羡慕他现在的生活和成就不必再说，我总是想起A先生倒三趟公交上下班的画面。我自认为也是个能吃苦的人，但在三趟公交的画面面前，我只想说一句话："大哥，给跪了！"我无法想象那每一个寒冬的早晨、每一个深色的夜晚、每一个大雨滂沱的画面、每一个白雪皑皑的瞬间——他，到底是怎么坚持下来的？

他只是很平静地告诉我："这不算辛苦，只是经历。如果一定要说这是辛苦的话，我只是不想让未来的自己后悔。"

刚毕业开始上班的C小朋友跟我说："我租的房子一个月3000块，我爸妈给我掏，我赚的钱还不够付房租呢，将来还怎么买房买车呀？"

工作过几年的朋友跟我说："我每天上下班都要累死了，老板和客户都那么变态，为什么就我这么惨？"还有朋友跟我说："领导只喜欢富二代官二代这样的员工，家里有钱就是不一样，我这种菜鸟谁见谁虐好凄惨。"这么说别人的成功都是因为幸运得要命或者有个好爹，你啥都没有所以你最惨？

　　我记得前年我刚买房子的时候，从租来的小破屋搬进稳定的漂亮的房子之后，夜里站在高高的飘窗跟前看三环上车流滚滚，灯火闪亮，觉得生活怎么会这么好，好到连自己都不敢相信，总觉得自己不配、不值得拥有这么好的画面。好友 Kiki 跟我说："这一切都是你自己奋斗来的，有什么不安心的？你以前吃过的苦，你忘了我可没忘。"其实那一刻我依然很惶恐地觉得，自己吃过的苦也不够换来这么好的世界，但同样也明白了一个道理——努力的人生值得去拥有自己想要的一切东西，经历怎样的辛苦，才配拥有怎样好的生活。

　　之前我写过一本书，名字叫《不要让未来的你，讨厌现在的自己》。这大概就是一直以来我想要践行的一句话，我相信 A 先生也是这样要求自己的，或者说他有更高的要求我不知道。但事实上，我一直不是很喜欢吃苦教育和悲情故事，总用惨兮兮的画面和明日辉煌做对比未免太老套了点。可有时候你不得不承认，**很多的成功，或者说取得的成绩，都来源于曾经下过的工夫、吃过的苦、流过的泪、熬过的夜……为此，他们的每一天都过得踏实，过得心安，他们也值得享有应该得到的一切美好与光芒。**

前段时间，有位同行来跟我打听 A 先生的背景以及他如何做到这么牛的，我没空给他讲什么倒三次车的故事，我告诉他："你有机会去看看他办公桌上的随便一本书，再回去翻翻你家的你觉得看了很多次的书，你就知道了。"

嗯，他可能永远都不会去看 A 先生的随便一本书吧，A 先生的随便一本书，都跟我小时候用了一学期的教科书一样，画得乱七八糟、密密麻麻，仿佛几代人用过一样。

做一个对自己有点要求的人

我有一个男同事，年方 35 岁，单身，处女座。平日里的他，从来都是西装革履，白衬衣永远都跟刚从商场里买来的似的。虽然我们公司也要求穿职业装上班，但整成大哥这样的，还真是很少见。我们这个行业，是经常需要熬夜写方案，第二天一早就去交提案的。有一次，我们凌晨 4 点写完方案纷纷回家睡觉，早晨 9 点在客户公司集合的时候，我们一个个端着咖啡还睡眼惺忪强撑着的样子，大哥又是西装革履，雪白的衬衫，两只眼睛闪闪发光，还喷了一头不知道是发胶还是发蜡的东西，感觉跟刚做的造型似的，格外有范儿。我们都给大哥"跪了"，纷纷哭丧着脸问他："哎妈呀，大哥，你回家没睡觉吗？""没有啊，我回家熨烫了一下衬衣，然后洗澡刷牙刮胡子弄个发型，喝杯咖啡就来了。""大哥，你不困吗？你整这么利落万一输了不也白瞎吗？""切，我是一个对自己有要求的人，就算输了案子，也要输人不输势。"

今年身边有很多朋友都怀孕生孩子了，朋友圈里到处都充斥着产后妈妈抱怨体重不下降、身材不恢复的帖子。作为有过专业健身经验的人，虽然谈不上经验丰富老道，但深知产后的辛苦和母乳喂养虽然会让体重大幅度下降，但要完全恢复到产前状态，并能获得一种有型有款的身材还是要靠健身的，无论是在产后 3 到 6 个月的时候进健身房，还是自己天天跳绳跑步爬楼梯。为了防止自己产后偷懒，我已经在健身房预定了产后恢复训练，还请了一个专业教练。我想把这个方法分享给抱怨的朋友，但无一例外总是听到："带孩子忙死了，哪有时间健身啊。""就这样吧，反正我给老公生了孩子，他也不能嫌弃我吧。""有没有不用健身不用辛苦的方法啊，你看我喂奶又不能节食。"在这方面，虽然我暂时没什么发言权，但我想起了王潇，就是豆瓣上很红的潇洒姐的故事。众所周知，潇洒姐在产后第 36 天启动瘦身减肥计划，用 100 天时间恢复了产前身材，在网上受到追捧。很多人追捧她瘦身的举动、她日常的饮食，以为这样就可以跟她一样漂亮一样瘦，但很多人忘了她高度的自制与自律精神。同样作为一个产后妈妈，难道她产后不辛苦吗？难道她的孩子不是两小时就要喂一次奶吗？难道她家就有 10 个保姆围着能让她脱开身去健身房吗？虽然我不认识她，但我相信她和所有的妈妈一样，辛苦，忙碌，甚至有着对新生命的烦躁和焦虑。但她跟很多妈妈不一样的是，她想做，并且真的排除万难去做了。今天的她，作为一个两岁孩子的妈妈，已经身材曼妙、妆容精致地出任《时尚 COSMO》杂志的新任总编，经常游走在世界各地的时尚尖端了。有很多人羡慕她，说她运气好，说她一定嫁给了个好老公，但不管你怎么说她，只要你学不到她对自己的严苛和要求，你就永远只能羡慕她。

年轻的时候，我总觉得生活就应该是随遇而安的，只要在大事上靠谱，小事上不需要太计较，比如家里地面三天一扫还是五天一扫；看书随便看还是规定好一天30页；晚上回家是学习一小时还是先看看电视再说；衣服要不要熨烫，反正出门倒垃圾也不会碰上前男友……可当自己慢慢长大成熟后发现，对生活小事马马虎虎的人，对大事也根本严肃不起来，就如重要的考试我依然会习惯性地迟到，项目汇报的时候穿着高级套装却因不自在而发挥失常。日常生活中已经习惯了对自己的自由散漫放纵，内心便早已没有了自律这样的概念，等你想紧张起来的时候，却发现自己的一切，都好像刚醒来时的被窝，凌乱不堪，什么都找不着。**生活中其实没什么大事，但每一件小事聚合起来，就铸造了一个人的样子。想做成一件事，最怕的不是没运气、没钱、没伯乐，而是从开始就对自己没什么要求。一个人对自己没要求，就没有资格对这个世界有什么要求。**

　　每当路过家门口的幼儿园，看到门口一群胖胖的不修边幅、头发随便一抓的妈妈时，我就暗暗下定决心绝不要成为这样的妈妈。那位将白衬衣熨得笔直的大哥去年结婚了，找了个一样对生活高要求的人，每天更是一尘不染地上班，亮瞎周围人的眼。实际上，生活并不需要每时每刻都有"鸡血"，但周围的每个比你我好一点的人，都是我们需要认真思考的对象；生活里也并没有多少大事，但对每件小事有点要求，就铸造出了一个最好的你。

当你的才华还撑不起你的梦想时

我是如何一步步落后于别人的

我清楚地记得，从初二起，我的英语成绩是怎么一步步滑落的。

我学英语起步很早，大概是从小学二三年级开始的，除了在学校里上课，还上了兴趣班。因此，在初二之前，我的英语成绩一直还是不错的。虽然四年级转学因为教材不统一落后了一段时间，但在老师和当时最流行的鹦鹉鸟牌复读机的帮助下，我的英文成绩依然是班上最好的。

初中老师要求我们背会每篇课文，但到了初二的时候，课本的文章越来越长，我就懒得背了，也就是多读几遍的水平。那时候老师也没有特别严格地查，而在我看来，背课文是那么的无厘头和可笑，加上我越来越喜欢自由奔放不拘小节不苛求语法的外教口语课，就更加不愿意背课文，也不怎么好好听英语课，于是原来扎实的英语功底一点点开始瓦解。我所不知道的是，对于刚刚学外语的小孩来讲，背课文是最好的形成语感的方法，就好像背唐诗宋词一样，并不在于运用，而是形成对文字语言的感觉。现在回忆起来，我能脱口而出好多文言古词，但对于英文，这么多年就记得一句"lift the basket onto the truck"，其他的就什么都不记得了。

　　渐渐地，我的英语成绩出现了问题。严格的语法我分不清了，阅读理解也开始发生混乱，连最起码的选择填空也开始模糊地觉得好像哪个都行。成绩下降，就开始做无数的习题，但所发生的问题都是一模一样的，混乱和模糊。不能说我不会，也不能说我会，但就是不断出错，成绩平平。那时候我的前桌是一个很乖巧的女孩，她从初一开始就认认真真地背课文，直到中考后我们分开。她的妈妈在她初三的时候从国外回来，那一年，她的英语成绩突飞猛进，中考英文得了满分150分，而我只有120多分，我甚至还拼写错了一个简单的单词。

　　后来，前桌女孩高中上了全省排名第一的学校，我只上了全省排名第三的高中。再后来，她出国上了名校读本科，硕士和博士又上了更有名的学校。而我，高中英文提升了难度之后，对问题的感觉更加模糊。初中都懒得背课文，高中更没时间和兴趣，英文开始成为我一门表现平平的科目。再后来，我不得不在一个二本的校园里，起早贪黑地恶补，熬了那么多夜，下了那么多的功夫，最后也只是比同班同学好，但仍没有成为我的优势科目，勉强够找工作、面试开个英文会议而已，再高级点的，比如英文对话超过两小时就歇菜。

　　那时候我总说，前桌女孩英文成绩好，是因为她有个英语很好的妈妈，能当 24 小时随身老师。可直到今天我心里都很深刻地记得，我是如何开始偷懒，如何开始一点点懈怠，如何开始在别人背课文的时候窃喜自己不用那么苦。

我不能说我和前桌女孩在成绩和人生上的差异就是从背课文开始的，也不能说我们两个如今的生活谁好谁坏，但这件小事一直提醒着我，人与人之间的差距就是从一个小小的习惯开始拉开的。无论是当时的考试成绩，亦或更大格局的未来。纵观自己的整个学习生涯，甚至人生，也都充满了这种偷懒和得过且过，这并不是单单出现在英语课上的偶然，所有的偶然其实就是自己人生的必然。比如我除了数学其他学科也都学得不好不坏，不精通也不透彻，文史类需要背会的也都背得挑肥拣瘦，而现在生活中的我也总是差不多就行的态度，就算有能力过精致优雅的生活，也依然毛毛躁躁地把家里搞得一团糟。

每当我们的人生不如别人的时候，总会下意识地给自己找理由。比如别人有好爹好妈好家庭，别人有钱有势有好老公，别人有好老板好公司好待遇，总觉得自己啥都没有才造成当下的窘境。其实，**我们是如何一步步落后于别人的，自己心里特别清楚，无非是从生活中一点点的差距开始**。比如我的朋友中有晨起党，早晨 5 点就起床开始晨跑，一年后就可以参加马拉松比赛得个小奖；有读书党，一年能读近百本书；有写作党，每天更新 5000 字，一个月写成了一本小说冲上豆瓣阅读首页。我的晚上在刷手机跟代购聊天买货中度过，想读书只能在凌晨一两点，筋疲力尽得更别提早起晨跑了，写作能一周更新一篇 1500字就觉得完成了一件大事。当然，你也可以安慰自己说，人与人之间没有可比性，没必要跟别人攀比，可关键是，当你不由自主地看到别人比自己优秀，比来比去自己还那个德性可怎么好？

回过头来想，如果我妈妈也是个精通外语的人，或者随便精通别的哪门学科，我就一定能在这科上得满分吗？显然不会，因为我从最开始就不是个扎实学习的人，外力再好又能怎样呢？也就是俗话"烂泥糊不上墙"的意思。

我有位前辈有一个习惯，每天早晨读报纸30分钟，比如《人民日报》、《经济观察报》、《南方都市报》……每天在地铁上读一本杂志或者粗读一本书。其实都是粗粗看过，并不精读。我们当时都嘲笑他，现在谁还读报纸啊，你真是又红又专啊。但当真正工作、与客户开会沟通的时候才会觉得，人家党政经济管理随口就可以来，客户对他每次的指导意见都心服口服，我们这种天天看天涯八卦论坛的，天天在微博上逛啊逛仿佛什么潮流全知道的人，都跟傻子一样客户说什么就是什么，有时候自己掉进自己挖的坑里才后知后觉。

仔细想想，其实我们都知道，自己是怎么一步步落后于别人的。

相信别人的努力，看得起当下的自己

　　我有一个做保险工作的朋友阮阮某天跟我说，她有次开着自己的宝马车出超市的停车场时，收费的阿姨问了一句："姑娘，车是你老爸给你买的吧？"她有些沮丧，又觉得有点小小的骄傲，一股奇怪的情绪在心中作祟。

　　我不懂车，但从认识阮阮起，就觉得她是个很有冲劲儿的女孩。渐渐相熟之后，阮阮断断续续给我讲了一些她小时候的故事，我拼拼凑凑大概描绘出了下面这个俗气的鸡汤故事：

　　从小家境不好，住在偏僻的大山里，听说读书能改变命运，于是拼命读书，竟然真的考上了大山之外的大学，于是她更加努力地学习。毕业后十年一直在保险公司，从最基础的业务员开始，做到今天的水平。我不大了解她现在啥水平，也不懂保险，不过单从物质上来讲，她甩我几十条街（我就是一个俗到只能看钱判断生活水平的人）。

我把她介绍给我的其他女性朋友，大家纷纷说：

"怎么可能啊，走出大山哪有那么容易？"

"扯吧，这种背景怎么可能有大客户人脉，没人脉怎么做保险？"

"她老公是干吗的？"

"现在的农村可有钱了，爹妈是拆迁户吧？"

这些问题的答案我都不知道，也没问过阮阮，但我的第一反应是："你们为啥不信啊？"我们经常会在网络上看到各种鼓励女孩变得更美好的文章，也见过很多很多女生在网上大肆宣扬女权主义，表达自己的立场和声音，可真的面对同龄女孩的努力时，却总摆出一副"不可能"、"背后一定有人"的架势。不相信别人的你，真的相信过自己吗？

时隔好些年不见的同学相聚，提到某个女生现在的生活很滋润，大家伙儿不约而同地问道："她老公是干吗的？嫁入豪门了吧？"提到业内某个名声赫赫的女总裁，总有声音从背后传来："那有什么啊，不是离婚了吗？再有钱再有能力也没什么幸福啊。"而提到自己每天的努力，"干得好不如嫁得好"、"努力有什么用？还不是个穷人？"

生活姿态千万种，你怎么知道离了婚就不幸福？你怎么知道那些有本事的女生一定是靠老公？跟别人瞥眼睛的时候，自己能不能比对方过得好？

有一本讲男女平等故事的书，里面这样写的："我很好奇，未来的人们会怎样看我们这些生活在世纪之交的傻瓜们。也许到了那一天，这个世界上的女人能和男人一样平等。"100 年过去了，表面上的平等在日新月异地变化发展，但我们的内心似乎并没有做好准备。我们不相信自己的努力有一天会让自己实现目标，也不相信别人的努力带来了丰硕的果实。如果说，书中描述的那 100 年前由于社会风潮引起的不平等压制了女性的战斗力，那今天来自我们内心的不相信，才会彻彻底底地让女性对自己的认识毁于一旦。至少前者还可以抗争，但后者已让我们再也无法站起来。

当然，以前我自己也是如此，当我突然意识到这个问题的时候，我尝试改变自己的想法。我看励志故事，更看身边人的故事。比如正在创业的朋友小令，一个小女孩开个餐馆被各种部门刁难，一边修车一边在马路边哭；正在日本做贸易的老高，刚给客人买好的货被偷了，自己又搭上钱重新买；我不关心小令是不是富二代，也不关心老高的爹是不是很有钱，我只关心，她们正在做的努力，我做不到，我做不到被人欺负还要坚持谈下去，我做不到丢了几十万的货连哭的时间都没有就要去赔。我做不到，就觉得她们真棒，我懈怠的时候，她们就是我的榜样。

当我用这样的心态和眼光看世界的时候，感觉人人都是励志对象。**身边的每个人都有值得我们学习的地方，每个人的行为也有能激励我们的地方。承认别人的优点，看得起别人的成功，才是能够让自己走向成功的第一步。而女生彼此之间对于对方成功的赞许与信任，也才是女生从心底走向平等的开始。**

如果身为女生的我们自己，都只认为别的女孩靠男人才能成功，自己靠嫁人才能跨进一段新的人生，那就真的不要再怪别人看低你。

有砍价的工夫，还不如多赚点钱

有天晚上和一个开淘宝店的朋友聊天，朋友开杂货店的，正在清仓准备关店，因此东西都卖得超级便宜，但总有很多买家要求送点什么或者抹零或者包邮，令朋友很苦恼。本来就是清仓半卖半送，买家还要磨磨唧唧的，让她很是生气。我听后随口说的一句"有砍价的功夫，还不如多赚点钱"让她心花怒放，立刻改成了自己的旺旺签名。

我想起了 2008 年的经济危机，那时候我刚毕业，常混迹于各个论坛。那时候很多论坛，特别是理财论坛里有铺天盖地的如何省钱的帖子，大体上分为省饭钱、省交通费、省水果钱，一个月能省一两百块钱便觉得很开心，帖子下面也有很多人在商量如何每顿饭省两块钱，公交一天省四毛钱等等。那个时候我月薪 3000 块，房租就 1000 块，虽然穷，但总觉得，吃饭上能省几个钱？省下一两百块钱又能干什么呢？有这个细细算钱和上网分享的功夫，去楼下餐馆端两小时盘子都能赚到钱，为什么一定要去省钱而不是去想办法赚钱呢？

我记得大学的时候，要上一个技术类的培训班，费用当时是1200元，现在看很便宜，但当时是我四个月的生活费了。很多人都跟我妈说我受骗了，千万别给我钱，我妈知道后还是二话不说就给了，尽管那时候是我家经济最不好的时候。三个月后我靠这份技能找到了实习工作，第一个月薪水就是1200元，后来技能慢慢提高到了能培训别人的程度，就开始通过培训来赚钱，具体因为这1200元的投资赚了多少不知道，但这件事情让我明白，敢为自己投资，才是最大最长远的盈利，死抠眼前的三分两分，是件徒劳无益的事。很多时候我们总追求眼前的一点点小利益，以为省下的就是赚到的，以为自己占了大便宜，可事实上，仅仅是牺牲了自己的生活水平，并没有赚到任何新的东西。

其实这种思想，在生活的其他领域也比比皆是。比如最近我断舍离家里的东西，发现很多当年舍不得用的东西，现在都坏掉了；舍不得吃的东西，都过期了……这并没有给我带来什么好处，也并没有改善我的生活。很多图便宜买的破烂，还是像破烂一样放在角落里，我并不喜欢，也很少用，利用率低的东西，谈及性价比，远远低于那些昂贵但经常使用的东西。原本以为保存就是拥有，以为价格低就是占便宜的东西，不仅没有提高自己的生活质量，还占据了让自己得到更好东西的机会。我把很多坏掉和不喜欢的东西扔掉，把闲置的电子产品卖掉，把东西好但自己用不上的生活用品送人，生活因为大清理而变得简单、明亮了许多。

在毕业的六年中，我觉得做得最有用的一件事就是无论经济条件如何，我都愿意花钱去参加各种感兴趣的培训。有些培训在我参加的时候是刚刚起步，因此还很便宜，几百块钱，如今都上万元。也有一些很贵，甚至要去另外一个城市去。这些课程和技能在当时看不到任何立竿见影的效果，但总会在未来生活的某个时刻，爆发出强大的力量。比如我刚买房子的时候，因为税算错了，到缴税的那天才发现，因此身上所有的储蓄卡和信用卡都刷光了，就剩下 2000 块钱要度过整整一个月，还要准备去买家具、还信用卡等。那几个月我找了很多机会去赚钱，让人欣喜的是，那时候我发现自己原来可以做很多事情，很多兼职需要的技能都是在很久之前某个培训中学到的，或者是在某本书里学到的。这件事让我明白两个道理：**无论经济条件如何，为自己投资，都是最划算的事情，永远不会亏；只要你有强烈的愿望去赚钱，多多少少一定能赚得到。**

很多人问：我也想多赚钱而不是总想着省钱，但究竟怎么找兼职的工作？我下班就很累也很晚了，我能做什么兼职呢？这个问题其实很难回答，因为每个人所具备的能力和生活安排都是不同的，但不变的是首先要为自己投资，而不是一味地输出。比如毕业前三年有空的时候多学习锻炼读书听讲座，而不仅仅是唱歌吃饭刷剧上网看片；同时，兼职赚钱也不是立竿见影就能看见钱的，很多兼职比如写作，开始几乎没有回报，甚至会被人骗，被人拖延报酬，这是非常正常的事情。我毕业后第一次拿到一笔 300 块钱的稿费，买了一件特价的小棉衣。尽管现在衣服很旧了，我也有了更多漂亮昂贵的衣服，但这件棉衣我还永远挂在衣柜里，它提醒着我曾经开始的那个起点。

其实省钱并没有什么错，但对于我这个比较粗线条的人来讲，相比精打细算地省钱，我更喜欢去想办法赚钱。作为一个特别爱钱的人，我特别相信砸下去的钱永远和收获成正比。不要让自己陷入到徒劳无益的眼前利益中去，用节省下来的时间学习新东西，用投资自己来赢得更多的机会，总有一天你会成倍赚回来。

喜欢钱并没有什么错

在年轻的时候，或者说我们都还穷的时候，大家都喜欢谈情怀和理想。进入社会渐久，慢慢明白了物质的价值，准确地说，是金钱的价值。比如金钱会让你更快地实现理想，金钱能让你生活得稳定安康，金钱能让你的病痛康复得更快更好……当然，世界上也有很多金钱买不到的东西，但这并不能说明，喜欢钱是错的。

跟我年纪差不多的一个朋友，经过几年的奋斗，如今事业小有所成，在大上海的日子也过得风生水起，什么都不缺。有一次他跟我说："刚毕业的时候，喝杯星巴克都觉得奢侈得不行，老板给买一杯都觉得开心。但现在我能随随便便给下属买多少都行，不过内心却有点恐慌，我是不是变了？什么都有了，但总觉得自己不该过这样的生活。"其实，每个人努力奋斗，多半是为了物质满足，这也是人的本性，大胆地承认并接受自己内心对物质的追求，是再正常不过、也非常应该的事情。不安，是因为周围的大环境告诉你追求物质是可耻的，追求精神才是至高无上的。每个人都隐藏着骚动的内心，蠢蠢欲动地生活，装出情怀满满的样子，其实还不如大声地说出"我就是爱钱"来得痛快。

在一个人人都爱讲情怀的年代里，提到钱，仿佛一切就都变了味儿，其实谁不爱钱呢？谁的奋斗不是为了钱？就算你捐助希望工程，也首先需要自己先有钱。看见曾经跟自己差不多的人有了钱，很多人会心里各种不平衡，只有别人变坏或者倒霉，才能让自己安宁；或者只有一直像自己一样穷，一直陪着自己过苦日子，才能有同病相怜和共鸣满满的感觉。**其实，不是别人变坏了，而是你被别人甩开了，这世界上每个人每天都在向前走，得到适合自己付出的报酬都是理所当然的事情，而得到回报的人只会让自己更好。只是你们的层次被拉开了，看到了不同的世界，便会有不同的思维与行为方式。**你觉得明星嫁入豪门就是爱钱，可难道嫁给穷小子才能叫真爱？

有段时间电视剧《红高粱》特别火，我偶尔看了一个片段，讲的是余占鳌去单家找九儿，让九儿跟他一起走。九儿不走，余占鳌就说九儿是爱单家的产业和钱，九儿说："我就是爱单家的产业和单家的钱，有本事你也给我创这么一份产业，我就跟你走。"余占鳌听了大喜，马上翻身下床斗志昂扬地去奋斗，准备着给九儿拼一份大事业。这个片段给我的印象特别深刻，九儿扬着下巴说"我就是爱钱"的样子，让人觉得痛快又敞亮。

我一直觉得，情怀是要有的，但更重要的是把事情本身做好，彼此双方都得到合适的利益回报，这本身就是一件很有情怀的事情。我对我的合作方也从来都抱着这样的心态，事情做好了，我立刻付钱。不能满足别人对物质回报的需求，就说明事情本身就没有做好，那就根本不要谈什么情怀，也不要谈什么未来。我很爱钱，因为钱能给我带来更好的生活，我也一直相信，爱钱才能赚到更多的钱，用更多的钱去实现自己的理想，才能有更真实和饱满的情怀。我的梦想没什么高大上的情怀，就是赚很多钱，让我老公可以不上班天天在家看电影，就像他现在舍不得我去上班一样，我觉得这也是一种情怀，简单，俗气，但真实。

当然，如果你还是个什么都不懂都不会的人，那就先别讲什么情怀，也别讲什么钱，先去学习，让自己先拥有谈钱最起码的资本，否则你只有被人拍死的份儿。

如果你已经在社会上混迹几年，有了一定的生存能力，又出生在普通的家庭里，努力奋斗就是为了多赚钱来让家人和自己生活得更好，那就千万别觉得说自己爱钱特别不好意思，别隐藏自己对物质的欲望和向往。大大方方地承认并追求物质，接受自己内心的真实的欲望。因为只有你明白自己想要什么，心中才会有更加清晰的做事方法和信心，才能把事情做得更好，目标实现得更快。

请认真而畅快地告诉自己，爱钱，并没有错。

坚持，这件小事

有段时间我在学英语，跟着外教，每天半小时。别小看这半小时，每天有 24 小时，浪费的时间很多，看电视啦，买买买啦，睡觉玩手机啦，总之，很多个半小时过去了，真要学习的时候，总觉得自己没时间。于是一狠心，每天晚上半小时，雷打不动。

看起来很简单的事情，雷打不动每天半小时，坚持起来却很难。坚持到第三天的时候，就有些昏昏欲睡，第五天的时候就有点不耐烦了。但每次看到教材上那些朗文商务英语的内容，我总会想起大学时候自己自学英语的时光。

那时候的我，把图书馆里各种流派、各种内容、各个出版社的英文教材，一本本地挨个学习，在各种英语学习网站上下载听力内容，不以任何考试内容为目的，纯粹地学习英文。大二那一年，我每天早晨五点半起床，和一个外教一起互相学习，我学英语，他学中文，不会的时候扭头问对方一下。这样的日子过了整整一年，我的英文有了质的飞跃，甚至让我觉得不敢相信。

这是我从小到大第一次自己坚持了一件事，而不是被家人逼着去坚持做一件事。那一年距离现在已经十年了，每每想起来，就仿佛在昨天一样，我的英文其实只是在我原先很渣的基础上提高了很多，但距离大牛人还有差距，但这依然不妨碍我相信，**坚持是一种品格，无论你的人生处在多么渣的阶级**。这件小事一直激励着我之后的人生，直到现在，虽然我能坚持做的事情很少很少，但只要坚持下来的，可以说都取得了不一般的成果。

曾见过一个做妈妈之后辞职创业的女性，她跟我讲了很多创业后的艰难，那些曾在世界 500 强公司光鲜亮丽中从未见过的艰难，甚至有些简直超出人的想象。我问她："这么难，你为什么还要做下去，回到世界 500 强公司不是能过得很轻松吗？家里又有那么小的孩子，何必这么为难自己？"她跟我说："我想坚持一下试试看。每次觉得自己快要失败的时候，我就想坚持下看看，看我自己能走多远。我在外企 10 年，以为什么东西都能唾手可得。我忘记了，甚至是完全不知道了，生活是需要自己去争取的，而且要靠强大的意念。所谓坚持，并不是坚持上班的意思，而是说当遇到了困难，还能克服困难往前走，这样的人生，才让我觉得有意义。"

我们每个人都知道坚持的意义，但只有极少数的人能做到。既然大家都做不到，那就不如看看别人的故事。这世上有很多坚持的故事，这么多故事只能激励你一个晚上的热血，但没关系，或许有一个故事能真正进入到你的梦里，让你第二天起来的时候能满血复活一般。如果过了几天你又懈怠了，那就再看看那些身边跟你一样，甚至还不如你的人。他们都行，那你呢？他们都能坚持下来，你为什么不能呢？

据说一件事坚持做七天就能变成习惯，坚持二十一天就能成为生活中的必备。如果你能坚持逛街，坚持打游戏，坚持睡懒觉，坚持买买买，坚持看电视追各种剧，那不如再增加一件事，比如坚持读书，一起坚持下去，你的生活会因为新加入的"坚持联盟成员"，而变得有点点不一样。

别到处说你的苦，没人愿意听你的负能量

初中的时候，我觉得我很苦，远离父母，寄人篱下地生活和上学，满心都是委屈和青春期的困惑。我想跟一个年轻的老师说说，但发现她根本没空理我。那时候我就知道，别到处说你的苦，没人有责任给你答疑解惑，没人愿意听你倾诉什么负能量，搞不好还会成为别人的笑料。当然，这也让我养成了隐忍和讨厌别人诉苦的性格。

我听过很多人讲困惑、讲抱怨、讲委屈，仿佛整个世界都负了他，也收到很多来信讲自己人生哪儿哪儿都是坑。起初，我很认真地回信，但发现对方再回复过来没有超过两句话的，基本上都是："谢谢，我会加油。"其实说白了，就是跟我这儿倾诉下，并不是要什么解决方案，更不是要我感同身受地帮助什么。慢慢久了，扫一眼一封信，如果大片的负能量，我就不回复了。有人说我冷漠，高高在上，其实是因为，我也不想接受什么负能量。这世界就一种人心甘情愿地接受负能量，那就是心理咨询师，但你得给他钱才行，除此以外，估计自己爹妈都

懒得听孩子天天毫无行动力地抱怨吧。

我有一个挺要好的男同事，什么都好，就是特别能抱怨。无论大家去哪里玩，吃什么东西，在什么时间，也无论我们各自后来跳槽到哪个公司，他都无休止地抱怨工作、同事和老板，仿佛他去了哪儿，哪儿都是一群人渣。起初我和另一个小伙伴还安慰他，后来我们只能默默地听着，该吃吃该喝喝，不做任何发言，因为该说的话已经说了，已经完全不知道该说什么了。后来我们再聚会的时候，都要考虑下，要不要叫上他啊，不叫他都是同事，可叫上他真的不想再听负能量了。职场上有点不满很正常，但抱怨太多，其他同事和老板也都觉得这人是真的能力不行，沟通和工作能力太差，一来二去，也没说他什么好话，不久他就真的转行做别的去了。

其实每个人都本能地想要听到振奋人心的好消息，**生活已经够艰难了，谁还顾得过来别人的眉头？**虽然很多时候朋友间郁闷时需要倾诉，但倾诉太多负能量谁都扛不住。当别人耐心地劝慰你一两次之后发现你根本没有行动力，只是一味地吐苦水，估计谁都不会再有耐心听下去。如果你成天只能为鸡毛蒜皮的小事所忧心和劳神，那其实你可能也成不了什么大事。

年轻人都有哪些苦水呢？其实无非就是生活艰难，工作不满意，爹妈不理解，朋友不相信，当梦想照进现实，自己特无力，可哪个年轻人不是这样挣扎着度过自己的青春时光？人生除了死，没什么大事儿。你以为自己够不幸的了，可实际上才哪儿到哪儿呢，比起那些大起大落的伟人，你这都不叫事儿。比如发奖学金别人凭什么能靠关系，工作上的同事给你穿了个小鞋，父母不支持你去大城市闯荡，自己得了个颈椎病晚上睡不好……当你回头看自己的过去时，你会发现，自己曾经怎么那么幼稚，怎么会为这点小事哭了好几个晚上？

很多人觉得，那些看上去很好的人，他们的生活一定没什么迷茫和烦恼，他们才是人生的幸运儿。但事实上，每个人都是一样的，只是别人的苦没说出来没让你看到罢了。我认识一个红人，还比我小两岁，日常八小时的工作是广告公司总监，作品获得过戛纳广告大奖，其次他还是一名作家、电台主播、国家二级心理咨询师、心理催眠师、二级人力资源管理师。你可能觉得不可思议，一定是骗子，要么就是自我吹嘘，但你不知道，他从没有在半夜 3 点之前睡过觉；你不知道，他几乎日日更新自己的文学作品，每篇都 3000 多字。他从没有跟我说过自己的辛苦，也没有说过周围人谁不好。他总是很默默地跟我说："加油，努力。"就没有别的什么听起来高大上的废话了。

这两年，我认识很多新晋的豆瓣红人，其中的一些人从关注几百人开始，到今天的几万人，我眼睁睁地看着他们每日辛劳地更新，还一更新就是几千字。他们有人拿着微薄的薪水坚持梦想，有人在工作之余挑灯敲字，有人当了妈妈在月子里还笔耕不辍……这样的生活可能太拼了，可能不是你想要的那一种，可能还对身体不好，可能还很累，但这就是他们每个人的梦想。我猜想，他们都经历过时间不够用的困惑，遭遇过夜夜码字没读者的孤独，他们都曾在台灯下想要转身睡去，但我没听到过他们的任何抱怨，我只看到了他们长年累月的作品，像他们本人的头像一样，冷静而独立地逐渐被众人所知。

不要让未来的你，讨厌现在的自己，困惑谁都有，但成功只配得上勇敢的行动派。别让你的青春浸泡在抱怨和倾诉中，也别让每一次朋友聚会变成祥林嫂集合。如果你不想被负能量所包围，那就试着聊点振奋人心的话题，像那些积极勇敢的创业者那样，向周围的人汲取更多的正能量，让自己的眼睛也能闪着亮晶晶的光芒。

试试看，每天早晨醒来对自己说一个让自己愉快的好消息。你是什么样，就会吸引什么样的人来到你身旁。

人生不是考试，别总问你该怎么选择

曾看到一个关于生活选择的广告，这让我突然想起了以前的一个香港客户，接口人是一个大陆女孩，准确地说，是大陆女孩在香港。她不是那种在香港毕业就留下来工作的女孩，而是在北京工作了一段时间，又跳槽去香港的，这样的背景，会比毕业直接留下来工作还要艰难许多，无论从语言、习惯，还是背景来说。我们熟悉了之后，偶尔她会跟我讲很多困难，比如老外老板的难伺候，香港打工族的加班与拼命，以及外国人歧视香港人、香港人看不起大陆人的环境让她工作得很辛苦……我总是不知道该说什么，因此便总是劝她回来吧，这边你都认识都习惯，多少会让你舒服一点。但说归说，她还是一直坚持着。有一次我跟老公说起在香港工作的不容易，老公说："其实我们在北京看她，就好像老家的人在小城市里看我们，在哪里工作，选择了怎样的生活，承担怎样的人生，都只是选择不同而已，并没有对错之分，关键是你希望以怎样的内心，去承担和迎接你想要的那个自己。"

说到这里，我想起了我的表姐，那个曾经也在北京、上海这种大城市奋斗过的女孩。她是我身边最典型的代表，总在不好的环境里为自己想要的生活做出勇敢选择的人。表姐比我大五岁，上了一个美术中专。后来她想继续学习，以便将自己的知识水平和能力提升到一个更高的层次，于是她就决定参加高考。因为表姐行动力比较强，属于那种决定了就会全力以赴去干的女孩，并且希望尽快干成，她用一年的时间，学完了高中三年的课程。因为时间太少，没时间理解太多，加上底子比较薄弱，只能把课本习题摊在地上、床上、桌子上，死记硬背，强迫自己学习。一年之后，她竟然真的考上了大学，并被录取到了自己渴望的设计专业。她家境不好，大学期间就开始各种勤工俭学，艺术类每年上万的高昂学费都是她自己打工赚的钱，还攒了几万给父母。毕业后的表姐来到北京，从最小的广告公司做起，月薪3000元，那时候我去过一次她租住的农民房里，现在回想起来，我都不知道那是几环开外的地方，就记得自己不停地倒公交车倒了三四次才在一个荒芜人烟的地方找到了她的房子。工作几年后，因为家庭原因，表姐回到了老家。按照现在很多人的看法，从大城市回到老家，一腔抱负还怎么施展得开？但表姐没有过这些顾虑，或许她有，但她愿意去打破和尝试。在一个靠人脉和关系才能混得开的省会城市，回老家五年，表姐已经是当地最大的超市集团的副总裁，无论从收入还是社会地位，都已经成为了同龄人中的佼佼者，温暖的老公、可爱的孩子伴在身旁，谁能说离开大城市，就无法成为人生大赢家？

很多人写信问我："我应该留在大城市，还是回老家？""我应该考研还是工作？""我应该学什么专业？""我应该辞职还是留下来继续忍耐？"其实**没人能告诉你该怎么办，因为没有人是你自己，只有你才能为自己的人生负责。所谓的人生大赢家，并不在于你在哪里，也不在于你做什么，而在于你在自己选择的道路上，是否拥有强大的内心，以支持你想要的生活。**

很久以前看过一篇文章，讲两个曾是小学同学关系的太太在一起讲述自己过去的生活，A太太一生征战商场，赚了很多钱，享尽荣华富贵；B太太一生在小城市里相夫教子，老了打牌，广场上舞剑，活得开心随性。当她们老了再相遇的时候，A羡慕B一生安安稳稳的美好生活，B觉得A看尽世界风景一辈子值了。其实，人生不是考试，从来都没有标准答案。所谓选择，也并没有对错，不是选了A就是人生大赢家了，也不是选了B人生就一败涂地。人生，只是一场戏。

你也许不知道，大城市里半夜熬夜加班的两只红眼睛，正在羡慕朋友圈里在小城市正在跟世界说晚安的你；小城市里薪水不高的他正面对你遨游世界的照片暗暗着急；朝九晚五的你，正在对那群每天飞来飞去的空中飞人羡慕不已；自由职业的人，正在为自己下个月的收入能否付得起房租焦躁捶地。每一种人生的选择，都有自己的代价与收获，人生的每一条路，无非都是一场戏，不同的选择经历不同的人生，看到不同的风景。没有成败，没有对错，唯有不同而已。

不要在意别人的眼光，别总看着别人的生活，后悔自己的选择，坚持你认为对的，做你自己想做的。人生没有固定的轨道，无论你选择怎样的方式生活，只要内心强大，都可以很精彩。重要的是在你选择的道路上，你想要什么以及你做过什么。

你做不到，不代表别人也做不到

　　帮朋友做过一个豆瓣线上活动，相比豆瓣上最流行的拍照上传图片就能参加的低门槛，这个活动就显得门槛特别高。这是一本新出的外国文学小说的活动，给你一个复杂的故事开头，由你来续写故事的结果。虽然主意是我出的，但等到真正上线的时候，心里却咯噔一下，因为我看了朋友写来的故事开头，复杂的外国人名字和人物关系几乎就将我搞蒙了，看了五遍才勉强绕明白，这还怎么写？我心想这下坏了，这不是给自己挖坑吗？这么复杂的故事，还要续写一个结尾，会有人来参加吗？或者说，在网络信息快读时代，会有人有耐心读完开头，再写个气势恢宏的结尾吗？

　　活动上线后不久，就看到网友开始陆续参加了。令我惊奇的是，网友们不仅参加，还洋洋洒洒地写了特别复杂的结尾。相比我不堪入目的想象力，网友的想象力让人大为惊奇，有科幻的，有悬疑的，有侦探的，有武侠的……有人写不下，分好几张图写，还有人直接写在论坛里，噼里啪啦大约能写出两三千字。我也不知道这本新书的结尾是怎样的，但网友所撰写的结尾丰富得让人叹为观止。我和朋友天天都会为发现新奇的结尾而惊叹不已，虽然整体活动参与量没有随手拍那么高，但性价比和含金量却让人咋舌。这时候我突然明白，我做不到的事情，不代表别人也做不到。

自己做不到，就觉得别人也做不到，其实这是一种很常见的"以己度人"的思维定式，比如常见的自己穷，就觉得别人在装逼；自己没能力，就觉得别人一定有干爹；自己买不起，就觉得贵东西不值当；自己学习不好，就觉得学习好的都是呆子……然后回到自己的小圈子里，觉得世界唯我独好。

就拿我自己来说，我也经常会这样想问题。比如我刚毕业的时候没什么钱，就会觉得为什么要买房子呢？为什么要把自己的一辈子都搭进一堆砖头里面？这简直是世界上最傻帽的事情，有那个钱做什么不好呢？还对家里人提出的意见和想法嗤之以鼻，一副自己看透了世界你们是老八股的想法。等到三四年后自己有了些积蓄，经历了被房东、邻居打扰以及日渐攀升的房租压力后，决定要自己买房。虽然房子不大，也算不上什么豪宅，但从住进自己房子的那一刻起，内心就明白了为什么很多人因为结婚了、生孩子了、父母年纪大了……一定要买一套属于自己的房子的原因，也明白了为什么房子会是刚需产品。我想起有几次在讲座上，有年轻的小朋友问过买房子应不应该，如果是早几年我会说没必要，有钱干什么不好？但长大一些，有了自己的家庭，意识到自己的家庭责任的时候，我会说，不用着急这个问题，因为人生每个阶段的任务和内容都会不同，就好像女孩子小时候都不会去美发店做一个昂贵的头发，但长大了都会隔三差五捯饬捯饬自己，因为时光带你进入了人生的另一个阶段。在某个人生阶段做不到的事情，不代表这件事就是错的，也不代表别人就不该做到，更不代表别人做到了就一定有猫腻、有问题，只有自己是最聪明似的。

　　当然，我们中的大部分人都是有这个毛病的，包括我自己，这其中不乏嫉妒心的存在，而且更多的是一种对自己无能的愤怒之后产生的自我安慰的阿Q精神罢了。我有一个好朋友，特别努力地奋斗，但因为自己的底子比较薄，知识结构也不是特别扎实，因此多年的奋斗还不是特别有成效。眼看着周围的朋友一个个结婚生子买房买车，哥们儿便开始觉得自己这么努力都不行，你们啥都有了到底凭什么？于是再遇见他，总是会听到他说谁一定有干爹，谁一定有家里帮衬，谁一定给老板做了小三，谁的亲爹一定帮了忙……可说归说，朋友们谁都没搭理，也没停止自己努力的脚步，又过了几年，这群朋友已经基本上步入中产阶层，最次的也有了特别安稳祥和的生活，只有这位哥们儿还在大排档里吐苦水。谁说的嫉妒心是前进的绊脚石？比嫉妒心更可怕的是不能正视别人，还不能看清自己。

　　因为这个线上活动，我突然意识到这个问题，也重新自省了一下这些年的自己，发现确实在很多时候、很多事情上，这样的思维方式阻碍了自己的进步，也限制了自己的交友。觉得自己做不到，自己不看好，就认为别人一定会失败，各种看不上看不起。其实**每个人的眼界和能力都是特别有限的，但心胸可以是无限的。能不能成大事儿，**

最重要的不是能力，而是心胸，有了心胸，便可以与更多有能力的人去合作，以完成梦想，而不是在自己的小黑屋里自怨自艾，觉得天不遂人愿。

嗯，这是病，得治！

人生最美好的，就是你的高中时光

　　我无数次回忆起我的学生时代，脑子里总是呈现出高中校园。想起来，我在小学、初中和大学都很出众，唯独高中并不算出挑，更谈不上成绩好到让人羡慕得耀眼，但记忆的闸门一打开，满眼都是高中时候的操场、教学楼、杨树缝隙间的点点阳光，以及操场上一圈圈跑步时的呼哧乱喘。我们都以为时光悠悠，岁月漫长；我们都以为，高考像一场噩梦，封锁了青春里的全部快乐时光；可有一天，我们会发现，高考其实没有那么重要，岁月也不是那么悠长，一转眼，高考结束后在校门口的挥挥手，可能就是各奔东西之前最后的相视一笑。

　　我有一个表弟，正在上高中。每次见到他，我都会抱抱他，他害羞地笑，让我觉得那是一生中最纯真也最真实的笑了吧。他已经有过两任女朋友了，前几天偷偷跟小女友去看电影，差点被他妈妈搅和黄了。他学习成绩属于中上，但他会弹吉他，打得一手好篮球，唱歌也非常好听。他不再是我高中时候的样子，穿着土土的校服，天天学习。

可尽管天天学习，却也能回忆起好多美好的画面，让人觉得，高中生活不仅仅只有高考一样。我很羡慕现在的高中生，羡慕他们丰富多彩的生活以及阳光美好的样子。从那以后的日子，可能再也看不到这样的画面了。

我有很多读者都是高中生，有很多人写信给我，跟我说高考的苦恼，父母的期望，甚至觉得考不好就想要去自杀，觉得对不起父母。我特别想跟你们说，不管发生什么，只要不是死，父母都可以接受。等你长大以后就会知道，高考其实并没有那么那么重要，也并不是决定你一生的唯一一次机会。人生很久很长，有好多好多翻身的机会。也并不是你高考成功了，上了你想上的好大学，人生就可以一劳永逸、飞黄腾达了。**人生是一场马拉松，中途什么事情都可能发生，跑到最后的最远的才是胜利者。人生不会因为一时的成功便永远一帆风顺，也不会因为一时的失败而永远抬不起头。**当你的人生刚刚过到 18 年的时候，要抬起头，看到远方。远方不仅有诗歌与梦想，更有等着你的爱人与幸福的未来，这一切，你还没有遇见，怎敢说自己就已经失败？

你要问我，如果回到高中时代，我最想要做什么？或者我最想要改变什么？想了又想，我不想课间时间还在学习，我想在阳台上跟朋友一起八卦一下；我不想没完没了地读书，我想在阳光最美好的花季里谈一场幼稚的恋爱；我不想做一个乖乖的学生，我想体会一次逃课逃学，跟老师吵架，把老师气得要命；我想要天天回家不住校，接受爸妈每天没完没了的唠叨和满桌子好吃的佳肴；我还想好好学一遍化学和物理，不想一高考完毕什么都忘记；我还想把地理搞搞清楚，不至于在长大后只能靠着导航仪去想去的地方……可我最想的，是让自己变成一个美少女，不是短头发大校服，也不是歪歪扭扭的走路和毫无节操的吃相，我想变成一个温婉的女孩子，在高中校园的长廊里安静地看小说，看漫画，和关系好的女同学去买零食吃。这大概是所有高中女孩子都做过的事吧，可我没有，那些年我是一个那么乖、那么用功的学生。

现在的我，离 18 岁那年已经过去整整十年。离开高中校园的十年，历经了艰辛的成长与社会的磨砺，早已不再有高中的纯真。可看到邻居家高中女生每天背着书包，踩着两条小细腿，在电梯里跟我微笑打招呼的时候，我便知道，年轻真好，花季真好，高中，真好。

断舍离：舍不得与提前买

　　我妈给我儿子找出一条很漂亮的毛巾被，说这是我小时候用过的，可我一点都不记得，甚至那可爱漂亮的图案，我觉得不可能出现在我小时候的时代里。我妈说，我之所以不记得，是因为给我用的次数很少很少，因为这个毛巾被当时很贵，所以总是给我用不好看的，不舍得给我用这个。我想起了我家柜子里无数用不上但全新的毛巾、枕巾、床单、被罩……基本上都来自于我妈的"舍不得用"。

　　我妈这样，我也好不到哪里去。我家有一个礼品柜，里面都是以前朋友送的或者参加比赛得的在当时看来很不错的东西。之前打开柜子看到两套情侣 U 盘，是以前公司做活动领导奖励我的。每套两只，每只只有 4G 大小。这在当时看来容量挺大的，很漂亮的盒子和设计，在现在看来普通得很，甚至盒子有些磕碰都无法送人。此外，还有很多诸如精美的护照夹，读者送的手工皂，各种纪念品等等。我舍不得用，一直存着，以为以后会用到，但好多年过去了，这堆东西占用了儿童房的整整一个柜子。儿子的书，只能挤在最下面的一层里。

除了舍不得用会造成物品的堆积，还有一种就是提前买。

我给儿子买衣服，总是会被人说孩子长得快，买大点，于是就按照想象买了大点儿的衣服，结果有的衣服可能到下一年才穿得上，而孩子也没有想象中长那么快。结果，当下穿的衣服还是没有，还得买。可那些买大了的衣服，可能明年就过时了或者不喜欢样子了，到头来依然堆积在家里。

除了孩子的东西，平时逛街的时候，特别是看到小玩意儿、小杂货的时候，总是忍不住的买买买，总觉得这个放在哪里，那个什么时候用得上，可到头来一年一次都没有用过。我家有很多旅游包包和便捷用品都是这样买回来的，但真的旅游的时候，必带的东西都带不过来，这些不必要的东西根本想不起来。

于是，舍不得和提前买的东西，成为了占据房子的大多数。G 先生管这类用不上的东西叫"垃圾"，他常跟我说一句话："房子这么贵，买回来不是为了放垃圾的。"乍一听很气愤，我的东西怎么叫垃圾呢？但仔细想想，一放好多年，根本用不上，还不如送人或者自己用起来，否则真的跟垃圾没什么区别。

断舍离就从这里开始吧。舍不得用的东西都打开自己用起来，那些封存的好东西，为什么总是等着有机会送人当礼物，而不想着自己用起来享受生活呢？比如从日本带回来的香薰，高级健身包，味道特别好的手工皂。有些当下用不到的好东西，脑子里想一下哪位朋友可能需要就送出去。当我真正把库存都调动起来的时候，不仅生活变得鲜活起来，不断消耗东西的快感也油然而生。此外，断绝自己提前买买买的念头，只买当下需要的东西，好东西到处都是，不能因为好就随意买回来，仅仅为了那么一两次的使用机会。孩子的衣服买当下正好穿的，不大不小最合适，没必要买大了，穿着也不舒服，反正用不了多久看到好的又会忍不住买。

　　没事的时候就把抽屉柜子收拾收拾，总会收拾出来一大堆当下用不到的东西。清理东西的感觉非常好，每次清理完总觉得自己整个人都清爽了很多。我的一位半仙婶曾经说过一句话："**清洁与整理就是最有用的转运方式。**"不知道是否为真，但每次整理完后总觉得是一个全新的房间，好好生活的欲望再次拔地而起，或许这就是迎接好运气的开始吧。

PART 2

现实很残酷，
你要变强大

现实是很残酷的，它残酷到可以触痛你的梦想，可以让你鼻青脸肿，但现实又并不可怕，前提是你先要让自己变得很强大。

大学四年对专业没兴趣怎么办

很长时间以来，我总会收到很多大学生朋友关于所学专业困扰的来信，大体上是说专业并不是自己喜欢的，教材陈旧，老师观念落伍，对专业的整体认识不清晰完全学不下去，想学其他知识却无法转专业，学得不扎实，实习更是心有余而力不足……面对这种情况，是该退学或者转专业，还是就这么将就到毕业？

事实上，即便是你转到了自己喜欢的专业，可能还是会发生一样的问题。因为任何学科，对外看起来都金灿灿的，只有真正地融入其中，才能了解自己是否喜欢。因此，如果能在大学四年，让自己有机会尝试不同的学科，才能真正确定自己是否真的喜欢，还是仅仅被表面所迷惑。

造成这个情况的原因，绝大多数是因为高三毕业填报专业的时候，没有太多的了解，父母总会按照自己对社会的了解来指导孩子的未来，可到了大学才发现，一切并不是那么回事儿，这才开始发慌。那么我们该如何拯救自己的大学呢？如何能在一个大学里学习不同专业，让自己在更多的尝试中找到自己真正的喜好呢？星姐给你支几个招儿：

1. 去其他专业蹭课

找其他专业的同学要一份课程表，按照自己的时间安排去不同教室里旁听就好。这个方法简单易行，但也会非常辛苦，因为学习不喜欢的专业本就很辛苦，还想听更多的课程几乎就要马不停蹄。我大学的时候用过这种方法听课，每天从早听到晚，课程倒是听得很多，但自己也累得要命，吃饭的时间都没有。当然，这种方法的好处是你可以没有任何负担地接触自己喜欢的内容，喜欢就继续，不喜欢就撤。但缺点就是，因为没有强制性，所以需要一定的自制力才能学得比较系统，以及无法体现在你的简历上。

2. 换专业或者修双学位

换专业每个学校的要求不同，有的要求重读一年，有的要求第一年上完才可以换，有的需要交钱等等，总之这并不是一件容易的事儿，那么我们还可以选择修双学位的方法。修双学位听起来很美，但只是听起来很美，学起来很苦。任何一种技能的培养都伴随着艰苦和坚持，除了要按时完成本专业的学习之外，用课余时间完成另外一门课程的学习，需要体力与耐力的共同合作。特别是双学位一般在大二或者大三时开始，这时候还有实习或者考研的任务，是个非常大的挑战。当然，双学位是可以写在简历中的，并且很牛很牛，也很有含金量。

3. 付费的在线教育

早几年的国外大学课程在网络上可以同时学习的方式一度非常火，现在越来越多的内容也都成为了在线教育的内容，除了国外大学，还有国内大学、TED，以及一些有技能的人在网络上开课。这个方法的好处是时间和金钱的付出都很自由，内容的选择余地很大。在线教育不仅可以摆脱地域的限制，价格也具有相对优势。比如一个文科生，可以在网络上学习计算机相关的知识和技能，还可以听到一些其他高校或者机构的演讲，这些内容是在学校接触不到的，但也是能学到更多东西的。可以说，网络的便捷可以让我们的学习，只有想不到，没有学不到。

4. 跨专业考研，远渡重洋

考研与出国继续深造，这是众所周知的方法，需要付出更多的时间、金钱和努力。这条路能更加系统地学习一个专业领域的知识，使自己具有更高的含金量。这是其他几种方法远不能比拟的。这种方法仍然要花费 2 到 3 年的时间在学校进行系统学习，当然，还会让你快速积累在这个行业中的人脉与资源。

5. 免费的网络资源

互联网拥有海量的免费资料，凡是需要的资料，仔细寻找，定能有所收获。根据自己的需求及喜好，挑选合适的资料，如果有不懂的还可以及时在网上发帖，说不定哪位牛人就秒回了你。当然了，这种学习方式是"最低碳环保无消耗"的，可以保证你的荷包不受任何影响，但寻找资料花费的时间比较多，在学习效率上会打一些折扣。

大学到底怎么读？如何能在四年时间读到更多的内容，强化自己的能力与发展？无论是蹭课、考研、出国、读双学位、换专业，还是时下流行的在线网络课堂和网络免费资源，归根到底，是你该如何安排你的学习人生。此外，不管是身处求学时期，还是已然步入社会，都要怀着一颗好学的心，用不断的学习来充实自己的生活，以让自己不断地进步。**人生并不是只有学生时期才应该学习，学习应该是一件长长久久的事儿，伴随一生**。而只有选择了最适合你的方式与渠道，你的学习才能真的"So easy"，人生才能越来越朝着自己想要的方向奔跑。

如果你想像我一样，白天上班晚上写字

很多人问我，如果像你一样，白天上班晚上写字，还想写出一本书，这条路难不难？

其实拖着疲惫的身体点灯熬夜不算什么，如何面对周围人的猜测和诋毁，才是这条路上最大的痛。我第一次文章上新浪首页的时候，同事说我利用公司资源；第一次在台湾出书的时候，朋友说我一定有干爹投资；第一次签电影版权的时候，小伙伴说我一定被导演包养了……好在，这一切过去很久了，现在也没人再说什么了，只是有些痕迹，会永远地挂在你心里，是成长的痛，是热情的心一点点变高冷的代价。还好，这些路，已经一个人走过来了。

我有一位红人朋友，一个挺开朗的大男孩，业余时间也写字，也写出了几本书来。上一本他的新书发布的时候，他在朋友圈里写了一句话："老板，这书真的是我来公司之前写的，不是一边上班一边写的。"

当时看了特想笑，是那种心有戚戚焉的理解的笑。平日里的他，每天忙得屁滚尿流的，我跟他说句话都费劲，他自己都笑称自己忙到了没朋友。有一次我问他："你老板会在意你在网上写字，还挺红吗？""所以我要很忙很忙，这样老板才能不怀疑我吧。"

　　很多人不理解，不就是写个文章吗？有这么多麻烦吗？事实上，当你一个人默默写字的时候，没人会在乎你写了什么给谁看，但当你写得越来越好，很多人都看得到的时候，你周围的世界就会慢慢发生变化。你需要明白，并有足够的能力去承担这样的变化，包括随之而来可能发生的所有委屈和不理解，这才是这条路上最大的障碍。因为很多人认为，自己做不到的事情，你也应该做不到，如果你做到了，那肯定有什么极端的方法，就像文章开头我曾听到的话一样。他们不相信，就凭你，凭什么那么多人喜欢你？凭什么别人要给你花钱帮你完成梦想？凭什么样样好事都追着你？虽然你知道自己是如何点灯熬夜、足不出户地在蜂蜜色的灯光下努力的，但看客们没人在乎你的委屈和清白。这时候，其实你不需要怪谁，这是人之常情。四年前第一次出书的时候，我去公司的卫生间里，听见有同事在外面议论："听说咱公司有个女孩出书了，还挺红的。咱公司还真是工作量不足，还有时间写书呢。"我好想推门出去问她们："那白岩松是不是也闲得没事干了，出了好几本书？"我没说出来，只是在格子间里默默地难过了一会儿。

　　当然，你会说："在乎他们干什么？一群 Loser 而已。"但是，很多时候，当我们还很弱小的时候，特别是还在摇摇欲坠间，只能成年累月地努力；还看不到一点光芒和希望的时候，内心会变得很脆弱。嘴上你可以说"滚蛋"，但心里还是会难受，特别是你也不知道会不会有看到阳光的那一天。这个历程谁都会有，不管是看似洒脱霸气的老男人，还是高冷的冰雪小姐，都是一样的。如果你现在正处在这个阶段，看不到阳光，也不甘心退缩，别担心，别害怕，一直往前走，Loser 遍地有，不缺你一个，往前走。

幸运的是，今天我遇见了足够信任我的老板和同事，周围的朋友也都是这么多年一直站在我身边跟我掏心掏肺的朋友，让我能不再被流言蜚语所干扰。虽然我并没什么大名，也就只能写点狗血励志文，但这已经足够足够幸运，至少我没像一些在这条路上被逼到辞职写作，或者干脆放弃而乖乖上班的朋友那样，我始终记得一句话："**在一个人慢慢成长的过程中，有真的敌人，也有假的朋友，该来的都会来，该成功的都会成功，谁都挡不住。**"

曾看到韩寒新书里的一句话，觉得特别励志："曾经很多人说我是一个大的神秘团队包装的产物……后来明白，看客们谁关心你的清白和委屈啊。我出版，有那么好的发行公司；我拍《后会无期》，有那么多优秀的人才。世界就是这样，好马配好鞍，好船配好帆，王八对绿豆，傻 × 配脑瘫。没太大意外，万物都会自然归位。"

如果你也有这样那样的梦想，如果你正走在孤独但决绝的路上，如果你正为自己坚持的事迷茫，如果你正在为流言蜚语感伤，这段话同样送给你。

有些痛，你以为会一辈子记得，但终将在念念不忘中慢慢忘记，留下的，只是转身回眸时候的莞尔一笑。你忍住一切向前走的样子，会在你心里刻成一把刀，让你长成参天的模样。

如何出版人生第一本书

最近收到很多读者的来信，特别是爱好写作的读者的来信，询问我怎样出一本书。这个话题比较人，想来想去我还是写成一篇文章来说说比较能说明白。目前我已经出版了四本书，其中一本是同内容的台湾版，算是有一点小小的经验。不过，我的经验也仅限于作者的角度，我知道我的读者中有很多出版社的编辑朋友，有不完善及错误的地方还请多加指正。

1. 写东西

当你还不是个大腕儿的时候，你不能空口白牙地说："我热爱写作，我准备写个 ×××× 的书，谁能帮我出版？"编辑决定出不出一本书，是要看样稿和目录的，空口白牙没人搭理你，也没人会等着你追着你，这是真的。

大腕儿是有多大才算大？严歌苓在我心里就是大腕儿……

要写成一本差不多的书，至少要12W（注：W代表万，下文同）字左右，但如果你是第一次出书，而且是单篇短文，最好能准备15W+的字数，因为编辑会删去不合格的。第一次出书的，且之前没有一点声音和名气的，很多编辑会抱着删很多字的态度去看稿子。如果你写的是小说，也差不多要到这个字数吧，否则印出来只能字大行稀，跟外国的某些翻译畅销书一样，一小时翻完。

2. 如何让编辑知道你的文字

第一种就是常见的，在网上不断更新发布，有编辑在盯着各种网络平台，目前我周围出书的人，也都是先在网上发文章红了才出书的。豆瓣以前都很文艺，现在也很兼容并蓄，什么文字都有。纯文学类的有晋江什么的，天涯也有很多编辑在盯。关键是你要发出去、发出去、发出去，你放在自己电脑里没人看见也没人知道。如果你选择网络渠道，那么写得要多要够速度。为什么这么说呢？因为早些年网络可能没什么人发，但这几年特别多，有才华的人也很多。我加入了一个豆瓣写作红人的群，看这些大咖们两三天来一篇上万字的，吓得我这种一周更新一次1500字的人都不敢说话了。俗话说，成名要趁早，但还要趁勤奋。没几个人是专职蹲家里敲电脑的，都是上班族白天上班晚上写作的。所以如果你觉得自己写这么多发了一个月还没人搭理你就觉得屈才了，那你就真的还是就这么屈着吧。

第二种是给编辑投稿。基本上所有书的封底或内页都有出版社的投稿邮箱，你可以随意去投稿，或者在微博和豆瓣上留意哪些人是出版社的，且与你的文稿对路，然后与那个编辑进行沟通。需要注意的是，不要失败一家就不投了，投稿失败很多时候是编辑自己的喜好或者对市场的考虑以及出版社的品位决定的，不是你的文字不行，因此多试试。但如果试了好多好多次都不行，你要注意总结一下编辑的反馈意见，如果大家意见很一致，比如"文字自我化严重，没有阅读价值"，你就要自己去思考了，或者你帮编辑提炼一个高大上的阅读价值，也就是读者为什么要花几十块钱读这本书的原因。

3. 编辑是如何考虑出一本书的

首先肯定是市场。比如前两年辞职旅行的书特别火，众多出版社立刻扎堆出了好多旅行类的书，辞职的、间隔年的、打工旅行的、老人的、小孩的、拖家带口的等等。但这几年不是这个市场了，你若写一本即便出了流行的可能性也不是很大，需要重力去推吧。这点不用作者来考虑，编辑会自己考虑。但你若开辟一个新领域、新地方、新方式、新角度，就会好很多。这点自己考量一下，总之我看过很多很多流水账一样的游记书，现在基本拿来也不看的。

第二就是作者知名度。谁都想要出知名作者的书，但很可能想出书的你什么名气都没有。我也帮没名气的普通人联系过出版社，给了统一的答复就是作者没名气，作品没有阅读价值，很难推。别说出版社势利，出版社也要生存，没有名气的作者即便你不要钱出，出版社也亏不起这个钱。所以，我的建议是，可以先在网络上发布，同时看看读者的反应。很多时候你觉得自己写的特棒，其实别人看了一点共鸣都没有。我大学时候写的东西就是这样，自己觉得声情并茂，别人看来就是日记一则。

第三就是作品的阅读价值。这就是说，你这个作品对读者的阅读意义是什么。比如你写了个狗拿耗子多管闲事儿的故事，那这个故事的意义是什么呢？读者花 30 块钱买来看完要明白个什么道理呢？比如你写了个斗小三的故事，那可以表明点什么？你写了个自己的爱情故事，那你的故事能提炼出一句什么高大上的话？比如"爱不是两个人的事，爱是两个家族共同的融合与杂交"，这个可能就提升起来了，而不是仅仅停留在你和老公／老婆的吵架纪录片这个地步。

以上三点是我遇见过的编辑的考虑，我相信编辑还会有更多的考虑吧。总之一本书的好坏，不仅关系到你的名声收益，更关系到编辑的名声、收益以及职位发展，这些都是很现实的问题。虽然说出书可能是你的梦想，但是兼顾现实的梦想才会实现得更加顺利。假若你的文字没有人看得上，别气馁。历史上被出版社退稿可有一天大获全胜的作者有很多，是金子总会发光的，但别到处去抱怨。

4. 稿费签约方式

对于稿费签约方式，我遇见的有两种：

1）一笔钱买断：多出现在新人 + 小出版社相遇的时候，比如 5000 块钱一次性买断 10W 字，之后书卖得好坏跟你没关系。千万别觉得特别受气觉得自己的文字怎么这么不值钱，我认识的好几个现在挺知名的作者第一本书，都是以这个价格买断的。

2）版税制：第一次出书的版税不好说，根据市场情况以及出版社实力来决定，我见过的第一次出书的版税范围是在 5%-8%，我觉得这是比较正常的吧。低于这个数字可以拜拜不要谈了，高于这个数字你快去偷笑吧。

3）高版税的代价：如果你没什么名气，就有人给你签约了很高的版税，还签了很高的首印量，让你得意洋洋地觉得自己身价真高真牛气。请谨慎注意你所合作的公司的运营与付款状况，很可能人压根就没准备付款，已经做好出版后就一直延迟付款甚至跑路的打算了（朋友亲身经历，否则不敢瞎说）。

5. 关于签约合同要点

我跟台湾签的出版和电影合同就一张 A4 纸正反面就说明白了，大陆出版社的合同很多页，建议你好好看好好看，有的名词不懂就去问去查，别看个版税和首印量差不多就签了，万一日后想起来什么，解约可不是那么容易的事儿，一般不闹到翻脸就是运气了。有几个地方你要注意：

1）首印量：第一次一般 5000~20000 册都有，根据市场或出版社对你的书的判断而定。首印量是什么意思呢？就是第一次出版的印数。出版社第一次付款是在书上市后三个月内，会付给你书的首印量的版税，扣税后付清，所以首印量决定你第一次收到钱的多少。当然，出版社也不是傻子，不是你哭穷就会给你印个 20000 册。很多时候保守估计 5000 册起印，因为怕卖不完，卖不完滞销退货会很麻烦。这点没什么可谈判的，自己跟出版社沟通就行了。反正不够卖会加印，加印的钱会在每年 6 月底和 12 月底再付款，如果你遇到无良出版社可能后边就没了，所以签出版社不是出版人跟你亲你就去签的哦。

2）版权衍生品要不要签？如果你写的是小说，或者单篇都是故事，就要考虑好这一点。比如改编权、电影电视权、话剧、舞台剧、动漫、周边玩具等等。这种事情说不好的，谁都不知道你会不会红，或者你的故事恰好被谁看到。你若没有渠道，交给出版社也无妨，但会按比例分成。如果你自信自己也能谈，或者更愿意自己谈，那不签这个也问题不大。反正真想找你的人怎么都能找到你，千山万水也能找到你。

3）电子版权，付费方式，付费周期，外文版权，自己看清楚，没什么准则，也没啥 tips，自己谈到你能接受就行。

6. 宣传

宣传其实蛮拼的，也蛮要劲的。怎么讲呢，貌似一个出版社一年买断一个渠道的推广位置是一定的。比如说，出版社一年买了当当2000 个首页推广位焦点图和文字链，但是不是所有书平均分的。出版社内部也有重点书目，也分 ABC 等级。比如你是第一次出书，很可能你的书就是 B 类 C 类，那 A 类是谁呢？大咖们！如果出版社能追到超大咖，比如路金波追了五年才追到严歌苓的版权，不过这跟咱也不是一个等级的哈，不用竞争了……大咖们肯定是重点推的，比如很可能用掉 1900 个推广位，分给你的也就 1 个焦点图，一个文字链就完事儿了！什么签售会啊，广播台啊都跟你没关系。这是很可能发生的事情。所以如果你第一次得不到什么重视，千万别气馁，我有认识的名作者突然出了一个新领域的书出版社也什么都不管呢。所以，唯一的办法就是先让自己有一些名气再出书，会比完全刚有一点点成绩就着急出书立著能得到更多的资源吧。虽然每个编辑都希望自己的作者能红，但有时候小编辑话语权也不大，所以多沟通之外还是要多理解，真的是这样，编辑很累薪水又低，蛮辛苦的。

7. 现在我来说大家最关心的稿费报酬

众所周知，中国大陆文字版权不值钱，一本书打折后卖20块钱都有人嫌贵，恨不得白给一本，或者网上看个免费电子版才觉得是书应该有的价值。不管你以前怎样，当你出书的时候，千万别觉得出本书就能买房啦！对不起，连中介费都不够交的，这是真实话。人生第一本书，如果买断5000元起，能付三个月房租吧，其他我周围第一次出书的稿费能付一年房租吧。你可能觉得不信，我来给你讲讲稿费的支付，不是什么猫腻，就是国家规定。

1）以一本书原价20元计算，你的版税假设签得很高——10%，卖一本书你能赚2元，税前。卖10000本得20000元，税前。

2）你以为真的都以20元卖？你以为会有多少人去书店原价购买？错了，网络这么发达，大家都去网上买啊，网上会打折对不对？如果网络搞什么活动，出版界规定有个比例，比如五折（我忘了折扣，具体问自己的编辑）以下卖书，作者只能收到版税的一半，也就是按5%计算版税。但三大网站（当当、京东、亚马逊中国）搞活动从来都是此消彼长的架势对不对？你不也经常在活动中买书吗？没活动都不爱买对不对？

3）如果遇到更大的活动，比如买赠。比如买五本送一本，你的出版社让你的书参加买赠活动，可能被赠出去 20000 本，那么这 20000 本书你一毛钱版税都没有。

4）以上是版税计算，咱们现在谈付费方式：付费不是市场上卖了 20000 本书，就给你一次性结 20000 本书的钱！是按照回款率。比如说，你的书卖了 20000 本，其中三大网站卖了 15000 本，地面书店卖了 5000 本。但是三大网站只在当年 12 月底回款了 1000 本的钱，地面书店人家三年结账一次，那这一年底你收到的钱就只有 1000 本的版税钱。其他的，对方什么时候回款，什么时候付给你。如果书店"哐当"倒闭了，或者出版社"咣当"倒闭了……那就当鸡飞蛋打了吧。

以上的钱好好地按时地准确地给你结账了，别忘了，还有税务局要来收的综合税率为 11.2% 的税，放心，出版社会帮你扣好再给你钱。别觉得这个税钱太高了，这是国家规定的，谁也没办法。

8. 关于赠书的问题

没出过书的人都觉得作者自己的书，作者难道没个千儿八百本放家里送人吗？所以只要一出书，周围看书的不看书的都要来讨一本。但实际上，出版社肯给你 30 本样书就算好的了，每一本书出版社是有成本的，比如一个书号就几万块钱，还有印刷啊宣传啊什么的，出版社就算不赚钱也要平回来，不会给你无限量免费书，何况中国出版业还是挺艰难的。

30 本样书你基本上分给自己的家人以及一些想要感谢和尊敬的人就没了，剩下的都要自己去买，和读者一样去网站买。所以出过书的人是非常头疼周围人动不动就要本书的。当然读者买一本只要二三十块钱，但作者买书送人基本上要买几十本，什么都没干先搭进去好几千块钱。所以这个准备你是要有的，因为你不可能一本不送，多少都会自己掏点钱，但掏多少拒绝谁就要自己考量了。

除了钱的准备，还有人际关系。送东西本来就涉及人际关系。如果是周围特别亲近，且爱看书的人要一本，给就给了，只要能当个东西看。但很多周围的人属于平时也不近，知道了就跟抢团购一样也要起哄来一本，其实可能也不看就丢沙发缝里了，这对作者来讲，想想是挺难过的。

对于我个人来讲，也出过几本书。最头疼的是第一本台湾版的书，港台版书价很贵，一本加邮费过来就80块了，很多人想要，没见过，觉得有趣，但真心送不起。大陆出版的时候，也认识很多别的作者，基本上作者之间是不会去要书的，基本都互相赠送。有些真心想送的人，也一定会掏钱买来送；有些人想送不敢送，觉得自己不好意思，只要对方开口一定会马上寄出去。平时对自己有帮助的，比如淘宝店小老板，快递员也会送。但真的是平时不咋认识，随便开口就要，或者为20块钱跑来哭穷的，真的只能呵呵了，作为天蝎座的我就是这么绝情。

9. 出书这么惨，一点都不能发家致富，为什么还要出

说因为梦想可能你会觉得假大空还俗，但没有惨淡的第一次就不会有让你发家致富的一天，什么事儿都不能随随便便就让你富啊。郭敬明的《幻城》最开始就是以很低的一笔钱买断的，后来《幻城》卖

到百万册都跟郭敬明没关系。再看看郭敬明的现在，不管你喜不喜欢他，这个事实你我都看得到的。说白一点，忍不了开始的惨，出书压根儿就不会成为你发家致富的新道路。

回头想想自己，如果不是当年天天熬夜写博客，写旅行小说，就不会有《从北京到台湾：这么近那么远》，也不会有之后的《挺住，意味着一切》，更不会有后来特别畅销的《不要让未来的你，讨厌现在的自己》。虽然我也不是什么有名的人，但能看到自己的文字一点点更受欢迎，一点点影响到更多的人，说幸福也好，说成就感也好，但回过头总是后怕，如果没有开始的一点点承受和忍耐，那现在一切都没有了。这些年不管写得好还是坏，也遇到过开 2% 版税的编辑，也遇到过一边恶心你文字烂一边想签你的出版社，更遇见过拖欠稿费的"金主"。可你要相信，总有一天，你会遇见一个懂你和你的文字的人，他们会用你所值得的价格，回报你没日没夜的心血，你所写下的几十万上百万字，只要你愿意且不作，总有梦想成真的那一天。

为什么突然写这个话题，还写了快 5000 字了？其实一来我的书《不要让未来的你，讨厌现在的自己》受到了很多人的欢迎和支持，在出版这本书的过程中，特别在跟出版人完整走了遍出书流程，详细了解了每个出书步骤后，才敢斗胆写下这些文字送给那些有文字梦想的朋友；二来是因为一直以来问这事儿的人特别多；三来是因为最近收到两个作者的来信，都是新晋的小作者。其实我不认识她们，也不曾看过她们的文字，但她们都不约而同地告诉我，因为看了我五年前的文字，说自己天天写博客 1500 字，终于开始慢慢走上了给杂志写稿和写书的道路，所以她们也尝试这样去做，两三年过去了，自己也出书了，特别高兴，也特别激动，想要告诉我，想要把第一本书寄给我。

其实，我真的挺感动的，看到这两封信差点都哭了。**我特别喜欢这些默默的力量，这种单纯地做好自己，不顾一切地坚持并努力的力量。** 不要让未来的你，讨厌现在的自己，我好像从她们的笑容里看到了自己，好像看到了当年每个夜里敲键盘敲到两三点的自己，以及那个在困顿的环境里为了小小的梦想咬牙坚持的自己。

怎样做一个积极乐观的人

我发现自己是个很消极的人，是从健身的时候开始的。

每当教练让我做一个稍微有点难度的动作，我的第一反应就是"不可能"、"我做不了"，但每次在教练的威逼利诱下其实都还完成得不错。教练说我应该对健身有热爱的心态，要求我做 20 次，我应该有做 40 次的激情，尽管可能并不会让我做 40 次。其实我挺热爱健身的，但是遇到困难的时候，就会自动地感觉不可能，我做不到，久而久之，我就变成了很消极的人，无论做什么都感觉自己是在哀嚎哭泣中被动完成的。

仔细想想，其实在日常生活中我也是这样。每当遇到不怎么好的事情，第一时间在想怎么办的时候，总会下意识地把所有最极端的坏处都想到。比如怀疑出门没锁门，就会想被偷了，家里损失惨重；怀疑没有关灯，就会想电路爆炸，家被烧了。但实际上什么都没发生过。

这是病，得治。

意识到这个问题的时候，我觉得这个问题已经影响到我的日常生活了。社会纷繁，压力越来越大，每当出问题的时候，我总会觉得生活很绝望，仿佛进入了一个万劫不复的深渊里。但我又不爱抱怨，于是就闷在心里，生活就被蒙上了一层乌云。如何让自己成为一个积极乐观的人，成为我某段时间里最重要的事。

真正下决心改变一下，是因为我的先生。每次发生不同的事情，他总像没事儿人一样，在他的心里，问题什么时候都会有，为什么不想得积极乐观一些？明天的困难明天再发愁，今天着急什么！我仔细分析了自己的消极心理，如果换一个角度想问题，是否会变得不一样呢？

比如工作上遇到困难，以前我会觉得自己陷入了工作的绝境，分分钟想要辞职。但现在我会想，这是考验我的一个好机会。都快三十岁的人了，一帆风顺并不是一件好事情，早一点遇到一些困难，等明年的此时回过头来看今天，一定会觉得简直就是小儿科。这样一想，便觉得自己会因此成长很多，战胜困难的勇气便滚滚而来。再比如说最近股票大涨的时候，我们卖股票卖得早了，以前会觉得很后悔，感觉像丢掉了很多钱，但现在尝试想想，赚的那些就是老天爷让我赚的，剩下的继续大涨而可能赢得的钱都不应该是我的，人要有节制。而股票大跌的时候，告诉自己这是锻炼承担风险能力的好时候，虽然投入的不多，但也很心疼钱，而这正是锻炼自己放长线钓大鱼的长远眼光的时候。这样一想，再遇到股票的大涨和大跌，自己心态便会平静不少。

当思想改变之后，我发现我的生活里笑容多了一些，也没那么多的焦虑和绝望了。其实**很多生活里的事儿都不是什么大事儿，越是一个人消极地想，越容易走进死胡同**。特别是进入社会越久，个人担负的关系、能力、责任越加复杂，在考虑问题的时候更加容易混乱，以及想得很严重，但事实上，除了死，没什么大不了的事儿。很多自己觉得很重要的事儿，其实也就那么回事。

再去健身房的时候，虽然还是没有表现出热爱和积极，但在做每个动作的时候，我都会下意识地告诉自己"试试看"，而不再是"我做不了"，这样想，整堂课的参与感更强了，锻炼效果也更加明显了。接下来最重要的，就是在生活和工作中慢慢改变自己消极的想法，做一个积极乐观的人。这是一件说起来容易、做起来很难的事情，改变生活里阳光的方向，从变换一个思考角度开始。

这世界的每个角落，都有人正在奋斗

上周日是我研究生课的开学典礼，早晨 6 点半起床赶去远在 30 公里以外的中科院。我以为这个周日早晨的地铁应该是空荡荡的到处是空座位，因此做好了上车再补觉的准备。可不曾想，到达地铁门口的时候，已经有了熙熙攘攘的人群和一群卖早点的小摊，跟平日里我正常上班八九点时候的样子差不多。而地铁上虽然不是人满为患，但根本没有空座，站着的有很多人。我有些惊奇，大家都起这么早，不在家里睡觉，都要去干什么呢？

在这个城市生活了八年，生活渐渐稳定，我很久都没有在周末早早起床赶去做什么，也没有在晚上加班到深夜才回家了，因此也慢慢忘记了，在我熟睡的时候，这个城市其实随时随地都有醒着的人。我想起几年前有一次赶早班飞机，五点钟出家门的时候，远远看到每天卖鸡蛋灌饼的小摊夫妇，正在准备他们的餐车，支起头顶大大的油腻的遮阳伞。那是我第一次知道他们到底是几点出摊的，也明白了为什么自己九点出门的时候，他们时常已经收摊回家了。车开过他们身边的时候，两个人边聊天边说笑，比起我神情恍惚的脸，他们的表情是那么清醒，又充满生活的希望。可能过不了几分钟，第一个鸡蛋灌饼就会被一位赶着上早班的年轻人买走，他们不仅仅在为自己的生存而早起，也为了给这个城市每一个正在奋斗中睁开蒙眬睡眼的年轻人一点点暖和的慰藉。

　　我经常会收到一种内容的来信，那就是觉得自己不是在世界500强公司，不在事业单位也不是公务员，就觉得自己的工作低贱得不值一提，甚至是在浪费生命，特别是如果自己的工作不是朝九晚五，就觉得自己特别不高级也特别不满意。我特别理解这种想法和感觉，因为在大学毕业的时候，我也是这么想的，并如愿一直在很棒很著名的外资公司里供职。但随着年纪的增长阅历的增加，我开始慢慢审视自己的想法。比如在坐夜班飞机或者半夜落在机场的时候，那些安检人员，那些在海关检查证件的工作人员，那些跑来跑去的小地勤，我时常偷偷看他们的眼睛，是什么支撑他们选择了这样一份没日没夜的工作。如果是我，能不能在半夜12点还耐心地解释，为什么某种东西不能带上飞机。比如在大冬天拍TVC的时候要早晨4点到片场，3点半摇晃着起床狠狠地想辞职算了，但赶到片场时摄影师的老婆裹着军大衣伸手递给我暖暖的豆浆和烧饼，酒店场地的工作人员神清气爽地对着我呆滞的脸激动地告诉我一切都准备好了让我放心。慢慢地，我开始明白，那些跟我不一样性质的工作，那些需要比我付出更多时间的工作，不卑微，不低贱，他们跟我们一样重要，甚至比我们这种坐在办公室里，吹着空调敲敲电脑就能完事的工作更加重要。

不要以为自己的背景里有点看起来像光环的东西，就以为自己在这个世界很重要；不要以为自己比别人拥有更多的资源和更多一点的钱，就可以看不起这个，看不上那个……这世界谁都不比谁高明多少，不信你试试早晨出门没有鸡蛋灌饼、半夜到机场厕所没人打扫的生活。他们的工作可能在你忙碌的生活里不起眼，但正因为他们的默默，才成就了你我安稳从容的生活。

城市的每个角落里，都充满着匆匆忙忙的人；城市的每一秒时光里，都充满着为各自生活打拼的人。他们可能正在干洗店里低着头为你熨烫衣服，可能正瘫在地铁的一个角落里耷拉着头补觉，可能正为赶不上飞机心急火燎，可能正在为某一刻做错的事哭泣。他们散落在城市的每个地方，正在为自己的生活和未来默默地打拼。**在奋斗的路上，每个人的灵魂与信念都是平等的，而每一份工作的背后，都是一颗正在努力的心。他们可能此刻很卑微，很不起眼，甚至被人颐指气使，但别忘了，千万个你我的奋斗之路，都曾从这里走过。**

上周六下了地铁，我又打了个车才到学校。累得要命，我在出租车上困得直哼哼，司机转脸看我一眼说："姑娘，你这是开学了吧。我呀，五点就出来拉活儿了！你也可以在家睡觉，但也学不到东西不是！两年后你就研究生毕业了，想想多好啊！"

这世界的每个角落，都有人正在奋斗。别哭，你并不孤单。

当你的才华还撑不起你的梦想时

你永远不知道，未来的你会怎么样

在最开始知道怀孕的时候，我努力找了很多书，来培养自己摆正心态，直到读到一句话："在怀孕的时间里，你像个魔术师一样，每天变出一堆糖果给爸爸妈妈吃。如果没有你，这十个月的日子，就会像之前和之后所有的日子一样，陷入混沌的时间之流，绵绵不绝而不知所终。"

我相信这句话，也希望能够真正用到自己的生活里，没有人能知道自己未来会变成什么样，但却可以努力去尝试新的事情，让自己日复一日看似循环的生命里，有了一点不同的意义和味道。相比 2013 年的人生低谷与困顿，2014 年可以说是一个收获满满的季节。健身、结婚、怀孕、新书……每一步看似匆匆，但却又十分稳健地发生。我一直觉得自己是不是太幸运，幸运到让 2013 年的低落直接翻盘，来了一个大逆转。

记得今年过年的时候，我在家里打游戏，突然低头发现自己穿着肥硕家居服的身体臃肿不堪，我想到了健身房，以为那是一个奇幻的地方，只要我去，就能和游戏里的玩偶姑娘有一样的身材了。虽然公司也与很高端的健身房合作，但因为免费，没让自己出血，从来不曾去过。这个想法，距离我坐在健身房大厅里刷出了人生第一笔健身房年费与教练费时，用了五天。

后来的日子，我后悔过，挣扎过，想过放弃，因为太苦、太累、起得太早教练太铁血，连红牛都限制饮用量。睡眼惺忪得起大早，健身完赶紧洗澡去上班，感觉一整天都在路上。辛苦的付出，换来的只是体型的小小变化，并没有想象中的令人惊讶。只是没想到，健康的身体，让我顺利地怀孕，即便在不知道怀孕的时候，跑去国外旅游舟车劳顿泡温泉吃生鱼片都依然健康强劲；通过健身而改变的运动员体质，让我在孕期依然能够保持很好的身材，让自己一直以来都心情舒畅。我惊醒般意识到，**你永远不知道，你的付出将会在哪里回报你。你以为自己做了好久都看不到效果的时候，那是因为幸运之神在给你准备一个更大的礼包，需要用久一些的时间。**

我上一本书《不要让未来的你，讨厌现在的自己》去年7月底上市，那时候的自己正在被强烈的孕吐折磨到站都站不起来。没有想到过这本书会卖得怎么样，所以上市之后四个月的佳绩让我受宠若惊。出版人说："这本书上市前一天，我做了一个梦，梦见一条金色的鱼和金色的蛇在一起。"我宁可相信这是一种冥冥之中的暗示，却不敢相信自己写得有多好。朋友说："你写字五年，这是你应得的。"但我却总是心底暗暗地觉得，这是抽干了 2013 年所有的好运换来的福报。我不是一个善于总结的人，但 2013 年的厄运，或者说一切的不顺利，不被认可，被人中伤，暗中捅刀，让人记忆犹新，心绪疲劳到对未来毫无幻想，只求能安稳地睡觉，不被人提及与惦记。我一直告诉自己，别害怕，别回头，这几年你过得太顺利，太幸运，上帝要给你一点点辛苦，才能去收获更大的幸福。我不贪婪，我很知足，我不断地安慰自己，有苦有乐的生活，才是正常的，你还有身边的 G 先生，你还有一个爱你如生命的家。大不了回家就躺在床上睡着，大不了远远地离开那些人渣。可有时候又会觉得，你不争，别人就以为你是软弱；你不屑，更激起了其他人的愤怒，如何权衡与取舍，始终是很难的问题。

其实所有的收获，都抵不过和 G 先生在一起来得让人幸福。我们相遇很早，但相爱很晚，因而也觉得，要花光所有的力气去彼此相爱，仿佛只有这样才能找回那些没有彼此陪伴的时光。在和 G 先生在一起之前，我有过两个男友，有过对我很好的男生，也认识不同类型的男生，我很感谢他们，因为与他们的认识和相处，让我内心一步步明白，我想要一个什么样的男人。我跟 G 先生说："如果时光倒流，我会再次选择用这些年的不顺利，来换取一个你。如果时光让我说一个此刻的梦想，我希望未来能赚很多钱，让你不用忙碌工作天天在家看电影，就像你现在不舍得我去辛苦一样。"我一直以为我是一个喜欢工作和事业的人，我一直以为 G 先生也是，但当我们在一起的时候才发现，只有下班就回家，才是生命里最美好的时光。

这些天，我经常莫名地看着周围的人，刷他们的微博，看他们的朋友圈。那些曾经与自己一起毕业，一起实习，一起领着低廉的工资坐着公交车吃着麻辣烫的朋友们，都有了很多很大的变化。曾经一起合租房子的朋友，纷纷买了写着自己名字的房子；一起读书健身的朋友，开了自己的书店和会所；一起走很远吃 10 块钱便宜工作餐的同事，正在与先生环游欧洲；一起相互鼓励的同龄人，有的辞职南下创业，有的正在职场奔波中闪闪发光；曾经因为离婚而觉得人生无望的朋友，也正带着新女友大吃大喝在朋友圈里晒幸福。

所以，你永远不知道，未来的你会怎么样。只是，当你赋予自己每段生命时光里一个全新的变化与小小的尝试，将会改变你的未来。一切的努力，你以为看不到回报，但都不会是白费工夫。未来有一天，你以为是幸运的降临，事实上，是你自己值得拥有。

为什么进入社会后，学什么都学不明白

有那么一段时间，我特别刚愎自用，或者叫盲目自信，总觉得自己特别牛 ×，什么都是对的，别人都傻 ×，学什么都是眨眨眼就会了。因此，在那段时间里，很多东西我都看不上，不管我是不是了解和知道，结果又是怎样的呢？

学钢琴，以为自己很有天赋，吊儿郎当的，也不怎么积极练琴，几千块钱的卡就上了几节课就过去了；学木工，以为自己很牛 ×，肯定一学就会，上课迟到，下课早退，结果大家都多少能做个盒子做个碗的，我连个勺子都没做到位；学英语，总是三天打鱼两天晒网，想起来时好好学几天，然后总觉得自己底子好，因此多年来还停留在大学毕业水平；研究生课程总懒得上课，定点交作业也能过，但快一年了，别的同学都上课学习，我连书都不看，那效果能一样吗？讲座，分享，专业课都懒得去听，总觉得自己这么牛 ×，听那些有啥用啊，他们能比我强多少？

时间久了，就觉得自己好像已经不擅长学习了，甚至于觉得自己学什么都心不在焉的，也没法专心，可能真的是老了？或者进入社会太久无法再进入课堂了？很多人问我，为什么上班后觉得自己很浮躁，什么都学不进去了？为什么从职场回归校园很困难？为什么我平时也努力学但就是不见成效呢？

那多半是因为，你跟我一样，离开校园后，就忘记了学习并不是件容易的事情。想要掌握任何一门技能都不容易，稍微接触点什么觉得难就退缩，就断定自己没有天赋。年轻气盛，接触了点社会就觉得自己很牛×，什么都不放在眼里。自己学不会的就觉得对方教得不好，自己掌握不了的就觉得"每个人都有所长，自己不适合这件事"。结果颠来倒去，好几年什么都没学到，除了买买买和吃吃吃，什么进步都没有。

比如学英语，很多人说："我很努力地每天早晨起个大早听VOA，周末看原声电影，看了那么多，英语为什么还是不好？"其实我英语也没那么好，我也存在这个问题。但回想起大学死命学英语的时候，哪是这么简单的学法，想听听广播，看看电影，就能说一口流利的外语？那英语系的学生都该怎么办呢？听说读写，背诵朗读，一个都不能少。毕业之后的学习，我们可还曾下过这样的工夫，做过如此系统的训练？99%都没有。

知道了自己的问题，就开始改善。比如最近在网上学口语，每天和外教练习半小时。开始很有劲头，第三天开始就没精神了，第五天就感觉很疲惫，第七天都懒得去约课了。这件事让我反思，除了有很多其他事情在身，自己真的每天连半小时都没有了吗？为什么自己启动买买买模式和聊天模式就很乐此不疲，几个小时都不停歇呢？问题还是原来的，只不过变换了一个形式，还是"怕苦"，以及没那么强的求知欲和好奇心了。

今天下午路过家楼下的儿童绘本馆，著名的博物馆讲解员高源老师在给小朋友们讲恐龙的知识，后面坐着很多的大人。小朋友的求知欲和记忆力让人感到惊讶，我以为本该男孩子喜欢的恐龙，原来好多女孩子也很喜欢。其中高老师讲到国外一些电影中的桥段，为了弄清楚为什么要这么演，比如为什么用手电晃恐龙等，他特别发邮件给美国去问，将真实的原因讲给小朋友，并告诉家长，绝对不能随便想当然地敷衍孩子的问题，一定要和孩子一起追根溯源，找到问题的根源与了解的过程。这几句话给了我很深刻的印象，我已经好久没有追根溯源过，看到什么太复杂的就直接放弃，美其名曰"不适合我"。天知道，没有人生来就适合什么东西，七岁的广场舞小天才也需要天天跳舞，才能成为人们眼中的小天才。而小朋友们的好奇心和求知欲以及争先恐后尝试新事物的样子，让我想起了20岁出头时候的自己，我已经好久没那么鲜活过了。

想想当年学校里的自己如何学习，如何一本书一本书地过，认真地记笔记，不断地思考和复习。即便这样似乎也没当上学霸，还以为年长几岁就能学得轻松如意吗？虽然现在我并没有完全解决这个问题，我想这个问题也可能是一直都会有的问题了，需要不断地警示自己和努力克服。但能在傲娇的生活中认识到自己的问题，首先就能解决一半了。目前我的解决方法是，学习任何东西不耐烦的时候，都要告诉自己，想想曾经在学校是怎么学的，就能静下心来一大半。

为什么突然想起来这件事？因为曾经的钢琴老师今天突然发来一个学生练琴的视频，跟我说："他好刻苦啊，每天都来练琴。"我这个老师是教成人钢琴的，学生都是上了班的人，都用业余时间来学琴。因此时间是最大的不稳定因素，我们很多人都败在时间不保证而慢慢地不再坚持。今天的这件小事，突然让我醒悟过来，**任何时间，任何年纪，没什么学起来能轻而易举。任何技能的习得除了靠天分，还要准备好好奇心、求知欲以及吃苦，甚至，要比以前更辛苦。**

我是如何走上公关这条路的

很多人总问我，如何选择自己毕业后的第一条路，或者说，公关这条路最开始该怎么起步？说实话，我说不好。那么，我就说说我自己是怎么走的好了。

1. "读书时，关于公关的教学资源不丰富，我靠自己去图书馆阅读国外教材来学习。"

公关，英文翻译为 Public Relations，最初认识这门学科是在大学二年级。我在一个小城市的二本学校读书，中文系，为啥开设了一门公关课我也不知道，反正教材也是非常正统古老的高等院校示范教材，没什么特别。理论和案例在今天看来也都是非常基础甚至是过时的。

那时候教我们公关课的老师，算是系里很先进的老师，也非常喜欢我，除了我不爱记笔记、上课老看闲书这两件事。不过基于课本内容的基础，老师讲了很多她知道的其他案例，其实跟教科书上的也差不太多。

很多人抱怨大学老师照本宣科，内容过时，我不这么认为。我觉得这位老师给了我一个启蒙，帮我打开了一扇门，这就够了。如果我连最基础的理论和案例都不知道，给我一个花花世界，我也驾驭不了。我知道教材是死的，但我是活的，我想知道更多，就要去自己找。我知道公关起源于美国，因此去图书馆找了一本美国版的公关教材，A4纸那么大，很厚，借回来一页页地读完，脑洞大开，然后又去找了好几本美国人写的我认为内容更加灵活和开阔的书。今天回想，美国人写的那个也比较过时，而且美国和中国情况不一样，那本书的内容并不适合中国的公关行业，当然，这也是自己从事了这份工作之后才了解到的。

2. "职业测评，结果——公关专家。弃快消（即快消行业，指的是那些消费频率高、使用时限短、拥有广泛消费群体、对于消费的便利性要求很高的商品销售行业），试公关。"

大三找实习前夕，我做了一次职业测评，结果显示"公关专家"。这个坑爹的测试，怎么能测出这么个高大上的结果来？我明明想要申请快消公司什么的，我从来没想过自己要从事什么公关，难道是上帝给我指了条明道儿？

那时候我的一个朋友在一家特别牛 × 的国际公关公司实习，给我讲了讲公关到底是做什么的，我听得五迷三道的，因为没准备去，还在自己快消的小暗道儿上走着。有一天我突然想到那个职业测试，但我又怕自己学到的和实际的工作内容有不同，因为中美两国的书看起来就不太一样，于是找了一家国内公关公司，给总裁写了两封邮件，想采访一下他关于公关的事情。

总裁很快回信跟我约了时间，我准备了好几天看起来比较复杂的我理解不了的问题，并熟读了总裁的各种经历与背景，来到了总裁办公室进行采访。席间总裁当然对我这个幼稚的小朋友关爱有加，也不厌其烦地回答了很多确实有点纠结的问题。

然后他问我想不想做实习生。我说可以试试，但不知道自己行不行，于是我被发配到了 HR 部门。当然，我的到来似乎让 HR 不太高兴，我不知道为什么，然后这事儿就不了了之了。

3. "积累多家国际 PR 公司实习经历，严要求 + 努力 = 迅速成长。"

有了第一次的经验，我胆子大了起来，开始关注公关这个行业，眼光也高大上地盯住了各种在华的国际公关公司。某次意外的机会，我看到著名的独立公关公司 E 家在招实习生，我很快投了简历过去，一场英文面试之后就确定了可以来实习。在那份实习中我遇见了职场第一位特别美的、清华毕业的、很能干的领导，期间发生了各种受委屈的事情也都是这位领导保护了我。虽然她现在已经不在这个行业了，但我们依然保持着很好的关系，嗯，第一个人，总是那么难忘的。

这份实习做了两个多月，我申请了高大全的 H 家的暑期实习生，轰轰烈烈地一面二面三面一轮轮过，中文英文单面群面接踵而来（本句中的"面"即"面试"的简称），我还迟到过一次，心里战战兢兢的。半个月之后，我被通知 7 月 1 日来上班，十几个暑期实习生一起，成为了 H 家那年暑假里的小蜜蜂，嗡嗡嗡非常心烦地穿梭在公司的各个角落，开始干一些杂活儿，比如出差、送快递、打印、复印、订饭、填表格，暑期过后走了几个人，剩下的人开始能做一点稍微高级的事情，比如照猫画虎写个PPT什么的，在发布会上搭把手，联系个媒体什么的。

我记得我做得最多的是给客户做每月一次的 MOOK 杂志。客户是个挑剔的香港老太太，要求极高，我也没见过什么世面，做的内容多半老太太认为已经过时了，于是逼得我月月上蹿下跳的。不过，渐渐地，老太太挑不出什么内容的毛病了，只找找格式什么的问题，那时候回过头去看，特别特别感谢她。虽然我从来没有见过她，只是电话里听到过声音，但是看到自己一点点提高和进步，慢慢让她满意，心里成就感特别强。那时候还写过一篇日记，感谢她的挑剔和苛刻，让我进步非常迅速。但现在想想，不是人家挑剔，是我当时太 Low。

4. "三年领域内的沉心打磨，到抓住社交媒体兴起的苗头。"

后来学校举办公关酒会，我认识了以招人苛刻闻名的 B 家公司 HRD（即人力资源总监的英文首字母缩写），那个时候我已经在公关圈里一周五天全职实习了 8 个月。HRD 在知道了我的背景和实习经历之后，让我发简历给她。之后又是多轮面试，期间有次面试财经公关，对方让我说说对私募基金的看法，我问她"什么是私募基金"，然后这轮面试就结束了。但好在，我还是找到了适合我的组，当然，是老板选择了我。

当时面试我的是一位干练利落的新加坡老板，她跟我说过的话我一直记忆犹新，并指导我直到今天我全部的工作，包括写作。她说："我的要求非常高，我对我的员工的训练，是要达到 Global Standard（国际标准），我希望他们有一天离开我，到全世界任何一个国家去做公关，都可以不用培训，直接上岗。这是我的要求，达不到，就必须离开，你可以吗？"我的小心脏猛烈地颤抖了一下，我说我可以，然后心脏继续颤抖着去 HR 部门签了合同。

在 B 家实习了六个月，转正后又工作了三年，工作内容都是从最基础的发快递填表格给媒体打电话开始，然后慢慢进阶到做专题啦、写方案啦、发布会啦、创意啦、执行啦，多种多样，反正"职位要求"上的每一条都挨个走过，该纠结的、熬夜的、辛苦的、难过的、被骂的、被批评的都有过，一个都不差，只是现在回头去看，大脑内存太小，都不记得了。

我只记得三件事：一是我当时的英文虽然自己觉得不错，但在高大奢的 B 家是最烂的，别人都是直接从国外招的英语如母语的水平。别问我这怎么可能？这就是现实。那时候我看自己短时间内也弥补不了这项弱势，于是便直接甩开膀子练中文去了，天天笔耕不辍地写博客，后来反倒慢慢开辟了自己一条工作之外的新路。

第二件是老板第一年跟我复盘的时候提到了要培养我的四项能力：写作能力、沟通能力、领导力及逻辑能力。虽然我也不知道自己现在能力怎么样了，但这奠定了我对公关能力需求的基础，也一直指导我后来的工作。

第三件是在 B 家第二年社交媒体刚刚萌芽的时候，那时候我发现了这个苗头，而我当时也很喜欢上网上论坛写一些文字，因此在后来的日子里有意让自己慢慢向这个方向发展，关注各种业界动态。实践证明，在三年后社交媒体如火如荼的时候，我也就没有被时代的洪流抛下，跳槽去了最开始朋友实习的那家牛 × 哄哄的公司。

5. "在社交媒体上的耕耘，优势渐显，并与工作很完美地结合在了一起。"

在现在的公司，我直接从传统公关，转向了自己一直关注和实践的社交媒体公关，加上我自己的个人品牌也都在网络中小火慢炖着，有一些独特的经历和经验，这回可以放开手用所有的时间去做了。

由于社交媒体越来越丰富的需求和变革，我的工作内容也变得更多更杂更多样化，写字画画做设计，拍片盯片 PS，行不行的都得上。于是，我慢慢变成了多面手和万金油，工作内容也不仅限于公关，而是走向了更多更广泛的领域和方向。具体职位和方向不方便透露，但总之是让我开心和适合的内容。

说了这么多，其实并没有什么惊天动地的事情，也没什么励志的，跟流水账一样，从最开始接触公关的 2007 年实习开始，到今天也有七八年的时间了，日子一天天过，该有的快乐和悲伤，辛苦与难熬也全都有过。

在这其中，我的真心体会有不少，我总结出来了以下几个点，愿与大家分享：1. 如果你想要去开启一扇门，要先学会自己找资料找内容，不要想到什么就张口问，也别老抱怨什么学校不好老师很渣之类的。世界之大，无奇不有，你想学东西找资料，谁都拦不住你。别说你找不到，你连翻墙都会。进入社会后，身边没那么多人有时间免费回答你的问题，主观能动性是万事之首。

2. 要善于发现和抓住自己的优势，并且坚持。坚持看不到结果怎么办？继续坚持。还看不到结果想放弃怎么办？放弃，抓紧时间换条路，但别絮叨，别抱怨。

3. 关注业界动态，发现并提前学习各种趋势，可能未来并不会让你成为多闪耀的明星，但至少不会甩掉你。

4. 如果你有时间，工作之外的时间要多学习多看书，若能发展个人爱好当副业也是不错的，说不定能为你的本职工作添砖加瓦。

5. 每个人的职场都差不多，酸甜苦辣一锅端，所以别看着别人的啥都好，就抱怨自己遇见的啥都渣，只是人家没让你看见而已。

6. 别幻想电视剧小说里那样有好多职场大咖为你奉上什么箴言和提点，**你要记住那些把你骂得狗血喷头的老板和他们的话，这才是让你瞬间成长的里程碑，剩下的鸡毛蒜皮，甚至是让你不能释怀的态度和语气，能忘就忘了吧。**

你不可不知的六种求职新渠道

　　总会被初出茅庐的小朋友问："除了跑招聘会和老师推荐，还能怎么找实习找工作啊？"总会被想要换行业的朋友问："想要做你们这行，都从什么渠道获取求职信息啊？"总会被想换工作的同事问："你知道最近哪里招人吗？我这能力现在值多少钱？"……

　　写过很多职场文章，却从来没认真写过如何求职这个话题。但这些年看着身边的人来来走走，特别是那些想走的人却总是找不到合适的去处，于是突然想写写我心目中那些能避开大路、推陈出新的求职新渠道，或许可以给正有一肚子问题但没人想耐心回答你的你一点新思路。

　　方法一：善用专业招聘网站的手机 APP 版本

　　提起找工作，首先映入大脑的便是专业招聘网站，但坐在电脑面前一页页找信息特别耗时耗力，这时候就要学会善用招聘网站的手机

APP 版本，让自己用碎片时间了解你想要的信息。用手机注册后，圈定自己想要的范围和内容，就能找到适合自己的信息了。

需要注意的是，招聘类网站不仅是一个找工作的大本营，还有一个用途是用来了解自己的身价和各行各业的职位内容。比如说，我是做公关的，我想要了解做幼教工作的内容，那么我可以搜索相关工作，就可以了解这个行业初级到高级的工作内容、薪酬水平以及市场供需状况。这样的搜索类工作并不需要大块的时间坐在电脑面前，因此用 APP 在零碎的时间，如等餐、等车、地铁上、厕所里都可以随手搜索，快捷方便效率高，这是拖延症的大克星。

方法二：微博搜索帮大忙

微博从来都是一个超大资源库，用得好不光找工作，还能找对象。如何用微博找工作显然也是个大话题，各类文章层出不穷，但我个人比较推崇以下几种方式（以下举例以新浪微博为例）：

1. 关注你关注的行业名人及圈内大号，先了解行内动态。这些账号有时候也会发一些圈内的招聘信息，通常可信度较高。

2. 关注招聘类账号，这类网站不仅有招聘信息，也会有招聘求职的一些专业指导。

3. 在微博中搜索招聘信息，比如在搜索栏中输入"编辑招聘"字样，就会出现一系列全国各地编辑招聘信息。这是一种比较泛化的搜索方法，能网罗到你都想不到的很多信息，但需要注意的是要尽可能选择比较大的公司，在微博上进行反复确认和验证后再进行投递简历的行为，以免上当受骗。

4. 关注你喜欢的公司的老板或者员工，在足够了解对方公司及岗位的前提下，可以私信老板或者员工进行咨询。我身边的几个小伙伴都是用这种方法成功跳槽的哟，效果真的很不错哦（找对象方法请自己琢磨吧）！

方法三：博客求职

这类方法我目前只见过用于文科类工作的成功案例，比如编辑、电视台编导、作家等岗位。以我的大学同学为例，她在前年突然开始写博客，记录自己的所见所闻所感，每篇文章尽可能地写得有些质量，后来被北京的一家电视台编导看中，千里迢迢从东北被招到北京，成为了一名电视台的编导，后来好像还涉足了主持人等相关内容。

这类求职需要注意两点：1. 写什么文章，你想找什么领域的工作就可以写什么内容的文章，比如想做影评人就可以写影评，但文章主题一定要是大家都关注的主题，这样才能吸引人来看。个人小情绪小忧伤、抱怨社会、愤青抨击类你就写到私密博客里去吧，这类东西不是不能写，是没人关心你个人的问题，自然就引不来什么关注。2. 博客求职成功案例多出于双方的长久关注，且多为个人行为联络，但并不能保证没有行骗的行为，切不可因为对方的赏识而忘记个人安全，特别是需要去异地见面的时候。

方法四：总裁 / 名人杀手法

不得不承认，这是我惯用的伎俩……从实习开始，我就没有专门投过什么 HR 邮箱，我从来都是准备两星期关于我想要投递公司的相关信息及总裁信息，找到一些关于公司或者行业的问题，投简历过去进行咨询。当学生的时候找不到什么问题于是就问问行业信息以及个人该如何进步；上班以后可以根据自己的知识能力范围问些自己真正不懂又查不清楚的内容。一般情况下，总裁会让助理回答或转给 HR 进行接下来的联系回应，这时候你就有机会以平等友好和平大胆的身份进行沟通与询问，合适或者不合适都可以进退自如，而且还有可能与一个职场好前辈做朋友！在大学的时候，我用这种方法成功与三家大公司的老板进行过面对面的聊天，了解了自己想要知道的答案，同时也近距离地体会到了公司的文化，三家公司后来都给了我机会。

方法五：圈子聚会法（含 QQ 群、微信群）

信息爆炸的年代，QQ 群、微信群、朋友圈，到处都有小圈子！潜伏进入到你所关注的小圈子里，不仅能得到最接地气的详细信息，还能遇到职场朋友来指点，是个很有效率的好方法。我以前有几个实习生都是通过这种方式找到实习机会的，因为经常会有圈子里的朋友把就业实习信息放进圈子里哦！但这是我个人不太喜欢的方法，原因是通常常年活跃在一群陌生人职业圈子的人，比如金融人 QQ 群、中高层或者说能力强的人可能并不多，因为高层不会把时间都花在 QQ 群上啊，职场最底层的小朋友可能多一些，同时你要做好准备，这种群总会有一些活跃者一天 24 小时在讲话，让群动态不停息。因此你要想找高大上的朋友，可能要进入高大上的人才能进入的群，但这些群一般进入也是很受限制的，比如"中欧商学院校友群"（大概是这个名字吧）。

方法六：参加聚会认识人

有句话叫"认识人是个宝"，别总觉得认识人就是走后门，越到职场三五年之后，朋友推荐的作用就日渐显现出来。可如何认识人呢？到哪里认识关键的人？这里有三点分享给你：

1. 周末多出去参加活动，至少每月参加两次同城活动，可参考豆瓣同城活动（请注意分辨传销组织……）。

2. 从年轻的时候认识人，不要有功利心，不要觉得对方身份背景对你有利就特别热情，对方暂时你用不到就冷落。更重要的是认识人的时候要有一颗真诚的心，而不是未来用得上对方、所以想认识对方的心。

3. 想要被人推荐，一定要先帮助推荐人。**推荐工作是个互相帮助的事儿，自己也要有点眼色，如果别人找你，你不帮忙，不管是找工作还是别的事儿，你有难处的时候也别贱兮兮地找别人去。**如果别人帮你找到了工作记得感谢，但遇到困难千万别回头找人吐槽，这可真的是可以跟你绝交的大忌。

跳槽，也有别出心裁的味道

随着现在市场的发展，基于新兴产业的公司越来越多，更多新的职位甚至新的行业出现，同时岗位对能力的要求也越来越高，越来越多元化。以往对跳槽的一些既定法则正在被挑战，例如"千万别转行，转行穷三年"、"在一个公司不超过两年就不要跳"、"打破脑袋进外企"……这些法则现在正渐渐因时代的发展而土崩瓦解。跳槽，在作为职场最热门最隐秘的话题之余，也更加呈现出别出心裁的味道。

以前我们说过：干了就别转，转行穷三年。现在我们要说：想转行，劈腿跨界最吃香。

这年头，跨界成为了一个时髦的词汇，不仅品牌营销看重跨界，连职场的岗位要求也愈加复杂。而市场的多元化、细分化和国际化使得拥有一定甚至多元化背景的人越来越吃香。想转行？不如带着你的背景和经验，来一次劈腿大跨界吧！让自己从苦逼穷人立刻变身跨界人才，就是现在！

我的朋友小A，多年前海外归来，顺利入职于某国际公关公司。但这年头海归遍地走，公关公司招人也比较繁杂，小A和很多女生一样，信誓旦旦要做一番大事业，但之后的三年就在日复一日的加班与客户的压榨下萎靡，且薪水的涨幅在前三年并不大，生活也挺捉襟见肘的。此时此刻，她第一次有了跳槽的心，就想着直接转行，去做销售！聪明的是，小A并没有随便去一个公司做销售，而是进入了一个之前在公关公司里接触过的母婴产品类公司做销售。这样一来，第一次做销售的她，入职的时候不仅有了母婴行业的背景与洞察力，还有着普通销售不具备的策划能力，受到客户的强烈好评，一年的时间就升为销售主管，三年就做到了销售总监，无论是个人事业发展还是经济收入都甩了之前的工作好几条街。与曾经广告公司的小伙伴们相比，那也是人生大赢家，生活与工作完美得一塌糊涂。

以前我们说：跳槽别太快，再难也要忍。现在我们要说：舒心最重要，其他爱谁谁。

跳槽别太快，如果简历里的每段经历时间太短会很影响个人形象，这是从毕业职业规划就开始的传统观点。可如果面试的时候看走眼，或者入职之后发现完全不是那么回事儿，也要忍着做下去吗？才！不！谁知道明天和意外，哪一个先来？最重要的是心里舒坦，想那么多Who Care！

小B是我以前的同事，入职后的第三个月跟我一个项目组工作，加上年纪相仿，我们一度关系密切，无话不谈，比如对新公司的看法以及对工作内容的想法。听得出来，小B面试时候领导答应的工作内容与她做的实际内容千差万别，甚至很多是小B不擅长的内容，因此工作起来十分费力还非常不愉快。工作六个月后，小B想要辞职，但唯恐这六个月的经历在简历上留下什么不好的记录。可思来想去，最终小B还是离开了我们公司，回家好玩好吃好喝地结了个婚，然后投入到一个新公司的怀抱。从朋友圈上看，小B每天都非常开心，无论是与新老板还是新团队相处，都一副激情四射的工作状态。我心底暗暗为小B的离开叫好。说真的，小B如果留下来，接下来每天都要过着谨小慎微、看老板脸色还得心里憋屈的的日子，相比现在的幸福，谁说老教条就一定是对的呢？

以前我们说：想做精英，就要打破脑袋进外企。现在我们要说：逃离外企，现在是中国企业的时代。

外企的热潮渐渐退去，随着外企在中国市场的没落，越来越多的中国民企开始崛起，外企的光环已不再那么耀眼。以前都用白领这个词来指代外企员工闪耀的身份，高福利，高薪水，优越的办公环境与精致的生活，可实际呢？逃离外企，为中国企业的崛起贡献一小滴血，已渐渐成为在外企工作一段时间后的跳槽选择。

小C和小D是我很要好的夫妻朋友，分别就职于两家国际著名的外企十多年，去年一起跳槽到某行业国内顶级公司奉献热血去了。究其原因不外乎三点：

1. 外企的光环慢慢没落，资本家曾经的优势，比如薪水已渐渐没有了行业优势，各种福利待遇也被国内公司赶上了，但资本家公司的辛苦却实打实地越发严重，且人与人之间的关系比较冰冷。

2. 随着国内公司的拔地而起，越来越多的国内顶尖公司向有资深外企经验的人才伸出了橄榄枝，除了经济待遇的提升，更有尊重与人情味儿让公司像一个真正的大家庭，虚心与包容的态度，让受惯了资本家剥削的外企员工有着很强的成就感与归属感。

3. 做惯了高大上的外企工作，来国内企业接地气，毕竟是中国人，眼瞅着国内经济一片繁荣，琳琅满目又激荡人心的励志故事目不暇接，自己使不上一点力气怎么行？于是，小 C 和小 D 心一横，放弃了十年外企江山，投入到轰轰烈烈的国内公司热潮当中。刚开始也有过各种不适应，但时间一长，国内公司浓厚的人情味儿与每一个员工奋发向上的工作精神深深地感染了小 C 和小 D。前几天一起吃饭的时候，听他们热火朝天地聊着这一年的见闻，真别说，这是我、小 C 和小 D 认识以来最有活力的一次见面。

职场箴言从来不假，老教条也从来没有骗过人，只是随着时间的变化，市场的发展，新事物的诞生和涌现，跳槽的思维也要发生相应的改变。但不管怎么变，个人能力的扎实与雄厚永远是第一要务，辅之以对市场和职场的缜密观察与创新思维方式，有了这些，走哪儿都不愁!

坏习惯，不怕改不掉，就怕不知道

我以为我的坏习惯只有玩手机这一项，可当我看到一本关于戒掉坏习惯的书的目录时，我惊讶地发现几乎 80% 的坏习惯我都有，比如动不动就说自己"好忙"；买过的杂志堆积如山；发票跟积分卡塞满皮夹；一不留神就冲动地购买；拖太晚才睡，隔天常迟到；心想"还有时间"于是继续拖；关于将来想得过多；深陷不安的情绪中；不善于在人前表现；不愿意分享信息……我一直以为自己做事还算不错，也一直没发现什么拖我后腿的坏习惯，但不得不说，这些毛病我都有，而且都很严重，这些坏习惯不想不知道，仔细想想，都是直接影响我生活和工作质量的大阻碍，这让我想起了一件曾发生过的很小的事。

曾有段时间，我想买点保健产品，便找了朋友介绍的两个业务员，在此之前我都不认识他们，也不了解他们的背景。A 业务员跟我讲了一下午他们公司的优秀产品，但当我问竞争对手的产品与他们的差异，以及当他们的会员有什么权益的时候，他基本上支支吾吾答不出来，说回去查一下。我并没有在意，以为这是很正常的，毕竟只要能查到就好。可当我见了 B 问到同样的问题时，B 如数家珍一般滔滔不绝地跟我讲了很多竞品信息以及最明显的差异，而会员权益从普通到 VIP 非常明晰。虽然我并没有觉得要买什么，可心里非常高兴。我问 B 为什么会如此了解，他说自己当初开始做这行的时候，目标是将来做 VIP 金牌大客户，大客户都非常挑剔难搞，尝试过的产品也很多。因此平时他就特别注意积累，每当公司有一款新品出现的时候，他习惯将自己公司的产品和竞品去比较，找到最大的差异，而不是仅仅背熟自己家的产品。这样一个小小的习惯，让他现在真的有了很多超级大客户，也很容易把普通客户很快做到 VIP 客户。

这件小事让我明白，**其实一个人有什么样的成就，并不完全在于读了多少励志故事，认识多少名人，看过多少本书，当然这些都是基础，但更多的在于一个人有着怎样的生活、学习和工作习惯**。而这种好的习惯并不需要很多，有时候只要一两个就够了，但只要坚持下来，真正在自己的生活、工作中执行到位，就能显示出跟常人不一样的结果。但如果没有好习惯，再聪颖的人也会慢慢泯灭在庸碌之中。

我的一个朋友在做一件"100 个基本"的小事，就是把自己日常生活所感悟到的优秀习惯记录在一个全新的本子上，每天在朋友圈里晒出来，比如"买东西要买需要的，而不是划算的"、"上网前，在旁边放一个倒计时器"、"约会见面，及时道谢"、"充分利用空档时间，哪怕只有五分钟"等。我想了想自己也可以这样做，把生活中非常微小的事情所悟出的道理和习惯积累下来，一年之后将会是非常宝贵的心得。这些习惯也并不在于一天感悟到多少，只要一周体会到一个，这一条能够在自己的生活中贯彻和执行下去，就能让自己的生活变好一点点。每一个一点点积累起来，就能越来越显著地改变自己的整个生活。

作为一个有严重手机上网综合征的人，我每天在家做得最多的事情就是躺着玩手机，浪费了很多很多时间，每天两三点才能睡觉，床边的书也总是看不完，和朋友、家人吃饭，永远都不说话而是在玩手机。为此我做了很多努力，比如关掉手机；删掉不需要的 APP，只保留三五个；关掉 3G 和 WIFI 等，但依然不是很奏效。有天我尝试在玩手机之前就想好自己要上网做什么，比如买东西还是查资料还是与人联系一件事，在做完之后就把手机放到一边，找一本书翻开来看。也就是把上网要做的事情很快做完，但不乱浏览看别的，并把心思转换到另一件事上。我终于在夜里 12 点之前睡了觉，第二天早晨醒来神清气爽，一整天工作效率都很高。

每个人的生活里，都会有各种各样的羁绊。最可怕的不是改不掉，而是自己根本不知道。一年 52 个星期，用每个星期改掉自己的一个小而坏的习惯，到年终总结的时候，说不定，就有一个你想都想不到的自己出现。

又贵又好才真的省钱

　　曾给我家小朋友买了一个奶瓶，由于形状怪异，所以配有专门的奶瓶刷和奶粉罐装漏斗。这个奶瓶本身就有些贵，因此像奶瓶刷这种东西，我觉得都可以通用别的品牌 20 块钱那种普通的，没必要买 70 多块钱专用的，而罐装漏斗更是贵而鸡肋的产品，谁往奶瓶里倒奶粉还用个漏斗啊？

　　结果没过两天，就出现了问题。先是由于奶瓶口很小，勺子装奶粉的时候很容易洒出来，如果把勺子放入奶瓶口中，那么奶瓶上的水会碰到奶粉勺子，潮湿的勺子放回奶粉盒中，奶粉会因受潮而变质。还有就是因为奶瓶形状特别，普通的海绵刷根本无法全面地刷到奶瓶的每个角落，图便宜新买的尼龙刷每次刷完角落总是会有残余奶粉，需要很费劲地清理。没办法，又去买来专用的配套产品。虽然挺贵的，但问题一下子都解决了，奶粉再也不会洒出来，瓶子也都刷得干干净净的。这个昂贵的奶瓶的使用率也越来越高，成为了孩子最喜欢用的奶瓶。

其实这是个多么简单的道理，一分价钱一分货，人家既然这么设计，自有人家的道理，硬扛着去买了自认为可以的替代产品，到头来没有好效果又多花了钱。真正又贵又好的东西，用起来顺手又高效，质量好，用的时间也会很长，性价比很高。虽然有时候还会免不了买便宜的东西，但每当准备下单的时候，总会想想，如果把这些钱都攒起来，能买到怎样品质的东西？

看过一篇文章《你买过的便宜货究竟可以换多少件奢侈品》，其中提到："很多人整理衣帽间的时候，都会有这种感觉，明明满柜都是衣服，却找不到一件可以穿的，这很可能是由于一个原因：你的破烂买得太多了。买了1个月就开胶的鞋，洗了一次就已经没法看的衣服，还有买了很多就是没有一款可以出席正式场合的包。"在这篇文章中，作者用数字来证明了这一点，比如"平均6.6双ZARA可以换一双ManoloBlahnik的经典BB鞋"、"平均3.1条BDG牛仔裤就可以换一条APC原生仔裤"、"6.2件SOS大衣可以换一件Burberry羊毛大衣"……这样一算，其实每个人把衣柜里的衣服算算看，就会发现自己还挺有钱的。

刚和G先生在一起的时候，我发现他有几件穿了十年的衬衫和Tee。据说，他刚大学毕业的时候，月薪1500块，他就舍得花800元给自己买一件Tee或者衬衫。如果是我，可能只会买20块钱的。这些在今天来看也挺贵的衣服，穿起来不但能让人精气神高起来，而且能穿很久都不变形、不染色、不变质，看上去完全猜不到都穿了十年。事实上，对于很多人来讲，无论衣柜里衣服是 100 件淘宝款还是 20 件精品，常穿的可能永远就那么几身，因此贵的高品质衣服，不但让人的精神面貌和自信心都能拔地而起，而且还真的非常省钱。

不仅仅买衣服，生活中很多事情都是这样的，特别是买便宜东西的时候，这个道理更加明显。挑了一件便宜的礼物，回家又觉得送不出手，又去买了件贵的；吃饭图便宜随便点餐应付，过一会儿饿了又去吃更多；省钱走路回家结果路上饿了又花了更多的钱在饭店里吃饭……很多小事做的时候总觉得占到了便宜，但存在即合理，钱永远不会走错门。

虽然自己明白这样的道理，但执行的时候免不了还是会对便宜的东西长草。比如看到 30 块钱便宜的原单宝宝衣服就很想买，觉得好看又便宜，但在下单的时候我会提醒自己，三件这样的假货就可以买一件好看、质量又好的品牌正品衣服，于是便停下了即将付款的手。每次看到便宜的东西，我总要提醒一下自己。这样一来，相比之前东西多得到处堆、很多东西用不上又舍不得扔掉的状况，现在家里基本上所有东西都有很高的使用率。如果某些东西买回来用不上或者利用率非常低，就立刻送给需要的人。如果有很久不穿的旧衣服就会收拾到箱子里马上寄走捐出去。**不要给自己考虑今后会不会用得上这样的机会，也不要给自己舍不得的机会，断舍离是走向高品质极简生活的必经之路。**

努力赚钱，把买好几个便宜东西的钱攒起来，去买又贵又好的东西，买的时候会有点点肉疼，但日常生活中频繁地使用，会让生活高效又便捷，而且还特别节省空间，这实在是一件让人特爽的事。

是专业，让你的身价倍增

以前给孩子拍百天照时，选择了一家北京特别有名的婴童摄影机构，据说要提前两个月预约。之所以选择了最好的，是因为我经历过500块孕妇照活活拍成婚纱照的教训。虽然价格折扣力度很大，但依然要几千块，老人们听说后都嫌我买得太贵了，其实那时候，我也并不知道，就是拍个照片，为什么需要这么多钱。

我们都拍过各种各样的艺术照，但我们谁都不知道百天的孩子如何拍照，也很担心这么小的孩子无法控制好或情绪上不配合而拍摄失败，特别在发现孩子抬头还有些力量不足的时候甚至想要取消拍摄。我们都以传统艺术照的方式来思考，但从进门开始，他们展现的专业就让我们心悦诚服，甚至觉得摄影室赚点钱也太不容易了。

首先是孩子的服装，每个月龄段100套，都是用塑料服装袋套好挂好，挑出服装后拿去消毒。这里的所有衣服都很普通，都是日常穿着的衣服，但很多衣服的风格是自己不曾给孩子尝试过的。毛线帽子都是员工自己编织的，真是当个摄影师啥都得干啊。

最重要的是拍摄。四五个人围着一个孩子，摄影师负责拍，一个老师负责引逗孩子，一个老师在需要坐、立等百天孩子还不会的动作时在后面辅助孩子，两个老师负责打下手，比如拍完立刻抱起孩子哄逗休息，随时准备给孩子喝奶换尿布换服装，还有一个老师负责随时出门看空场地，提前去开空调等。在其中，负责引逗的老师，是我们最为感叹的，一直不断地用声音、动作、道具吸引孩子的注意力，还要跑来跑去一刻不停，一组照片拍摄下来，不亚于一次高强度的跳操运动，连我们自己看得都累得要命。我们一直以为自己的孩子高冷不爱笑，担心拍不好，但在引逗老师的作用下，孩子竟然一直笑得哈哈的，我们全家都惊呆了。

在拍小孩睡觉的这组照片时，几个老师围着孩子，全场黑灯，哄着孩子入睡。小孩哪有那么听话你让睡觉就睡觉？何况我儿子跟我一样白天根本不睡觉。就在黑漆漆的房间里，只听见几个老师"哦哦啊啊"地哄着孩子，但凡有点不稳定哭闹起来立刻抱起来让孩子安定下来。整整哄了1个小时，孩子终于睡踏实了，摆好一个动作，打灯，几秒抢拍，然后孩子醒了又是围上去继续哄。那时候我才知道那些美美的百日或新生儿睡觉造型的照片是如何拍摄出来的，这个难度简直太大了。

一个下午拍摄了五组，从2点到6点，据说已经是拍得非常顺利非常快的了。期间，孩子一会儿累了哭闹，一会儿睡着，一会儿大小便要换尿不湿，一会儿要喝水喝奶，整个过程不间断地随时停滞下来。孩子情绪不好的时候，摄影师抱着小孩兜兜转转看窗外，孩子太小有些动作做不到位的时候，辅助老师在桌子后面用各种纠结的姿势帮助他，在每一组照片拍摄结束后，老师都抱着孩子做情绪安抚。16斤的大胖小子我都抱不了十分钟。

家里人在回来的路上一直感叹，贵有贵的道理，无论是服装道具，还是工作人员，都非常专业。之前很担心这么小的孩子，服装什么的是否干净，会不会着凉，摄影师会不会烦，现在看来，他们专业的表现，让每一位客户都觉得他们值得这个价格，难怪他们虽然贵，却一直这么火。是专业，让他值这么多钱。

回想自己的工作，是否做到过专业？还是普普通通穷忙着去干活儿？在我所在的行业里有很多十分牛的前辈，他们的咨询费，动辄一小时好几千，那么贵还那么受客户的欢迎和尊重，凭什么？

很多时候，我们觉得自己好忙好累，为什么薪水那么低？凭什么同年入职的人比我工资高？为什么前辈每天不干啥就能赚那么多的钱？其实，决定一个人收入的，并不是有多忙有多累，熬过多少个白天和夜晚。**价值能让一个人的身价倍增，而不是时间，而一个人价值的多少，是要用专业程度来体现的**。专业如何体现？在我所在的公关行业里，小到一个PPT的对角线，大到与客户的沟通博弈，一丝一毫都是专业的体现。每当看见前辈的非凡表现时，都恨自己笨嘴拙舌，怎么就说不出那么有道理、有气势的话，为何就没有那么渊博的学识？再仔细想想，自己的大部分时间，都用来微信聊天、看八卦、刷微博，而前辈利用每天上下班路上的时间，一年就能看 90 本书。也许，年龄可以决定我们的爱好不同，但专业素养，没有时间与勤奋的积累，根本做不到。

专业，让你身价倍增，并受人尊敬，这种感觉，想想都觉得帅得不得了。

再忙，也不要丢掉你自己

　　我和牛小姐认识，是在网上。那时候她还是一个大四毕业生，我已经上班一年。她读我的文章，毕业后和我从事了一样的工作，因此一来二去就有了很多线下的见面和交流。牛小姐可以说是我见过的比我小的同事里最用功、踏实、努力的，虽然那时候我也很用功努力，但相比她来讲，我还是自愧不如。所有的节假日和晚上她都用来加班，写新闻稿，写报告。每次吃饭聊天都得聊点进步成长、未来规划、人生意义什么的。我有个毛病，喜欢给人介绍对象，牛小姐这个正点的好姑娘我当然不能放过，但从来都被拒绝，因为要工作，没时间考虑。一来二去，我觉得这孩子是个根正苗红的职场好苗子，我便很少打扰她，倒是给她介绍了一些很不错的，我认为很合适她的工作机会，事实证明，她也干得非常棒，我也觉得干了一件大好事，还跟她的现任领导、同事们成了好朋友。

　　之后过了很长时间，有天牛小姐给我打电话，让我给她介绍男朋友，吓我一跳，问她这是怎么了。她说她辞职了。我大惊失色，不是工作挺好的吗？她的领导同事也一直跟我赞扬她。她在电话里用很低沉的声音跟我说："我辞职了，工作上发生了一些事情，让我发现我根本不懂生活。我原来以为工作就是一切，工作就是我的命，可是我突然发现，我都25岁了，还不知道自己喜欢什么样的男生，不会跟男生沟通说话。前几天客户那边出了点问题，我突然发现我连跟客户吃饭都不会找合适的地方。我常看你家被你收拾得那么漂亮，可我连简单的收纳都不会。在生活里，我就像个傻子，我觉得除了工作我一无所有。"虽然我一直觉得她工作太拼命了，但我一直认为她可能就是那种在职场上走未来女强人路线的姑娘，而且我也真没想过，不会生活也是一个问题，而且能闹到辞职的地步。我也不知道怎么办，便让她先好好休息一段时间再说。

在她辞职后有天我无意间浏览了牛小姐的微博，看她去参加了很多活动，和小伙伴一起去旅行，去电台做主持人做节目。我在网上找到她，问她要不要给她介绍工作。只要她愿意去上班，这种好姑娘哪里都求之不得。牛小姐说："我还想再这样过一段时间，我觉得现在我终于活得像个正常人了。这两个月，我旅行了两次，参加了很多同龄人的活动，我慢慢懂得了生活的意义，也看到了生活本来的样子。我突然发现生活里还有那么多有趣好玩的事情，比工作本身更能让我有存在感，我觉得想学的东西有好多好多，我有了好多爱好，我想再试一试，我想让自己多一些样子。"我问她，那钱呢？没有稳定收入，是否能撑得住？要不要我帮忙？她说："我现在在给杂志写稿子，也有封面专访什么的，赚的钱没有以前多，但是也够花。现在跟别人合租，也学会了收拾屋子，虽然没有以前过得宽裕，但是很快乐。你别忘了给我找男朋友呀。"

那一刻，我突然觉得这个姑娘的青春开始盛开了，心里特别激动，仿佛阴天过后突然看见彩虹和阳光了一样。

以前有很多人问我，一边上班还要一边写字，这个业余爱好这么辛苦，又不会带来什么钱，干吗一定要坚持这么久？最开始的时候我觉得，就当一个业余爱好培养着，正好让自己忙一些，免得自己流于职场的明争暗斗和生活的毛皮琐碎中去。随着慢慢长大，生活和工作的阅历增加，我慢慢明白，一个业余爱好不仅可以让你在忙碌的工作中有个放松的机会，还能延伸你的不同能力，更重要的是，当你年纪小的时候，职场可能100%的回报你，但当你慢慢长大会发现，职场里的一切并不是100%能够回报你的付出，能影响这一切的因素有太多，也有很多迫不得已和无可奈何。那个时候，倘若你从高位掉落，还没有点别的什么支撑自己，你真的会有一无所有的感觉。虽然我没有到达过这样的高位，还只是个小卒，或者可能我描绘得不太准确，但总会隐约理解和看到别人的例子。对于我来讲，职场六年，每当遇到黑暗或者坚持不下去的时候，总还能自我安慰："没关系，我还可以写字，我还会写点东西，哪怕不要这个工作了我还可以以写字赚钱，还有一个让自己有存在感和成就感的我。"

我也曾是一个拼命工作的姑娘，在23岁的某个周末，我在出差的飞机上碰到一个40来岁的大叔。大叔问我去旅游吗？我说是去出差。

大叔感叹道： "小姑娘这么年轻，你应该去谈恋爱啊，去玩啊，去享受青春啊，怎么能用来出差呢？"这段对话我记得特别清楚，也是从那时候我开始努力地平衡生活与工作的关系。那时候我知道，不停的忙碌并不代表你很重要你很牛，没有生活并不代表你就是人中龙凤。尽管那个时候我还做不好所谓的时间管理与平衡关系，但那一刻，我心里的牛人，不再是工作多牛×多忙碌开口就是散装英文吃饭约会从来找不见人，而是能平衡好生活和工作，并能让自己在任何一个状态和环境下都能有美好一面的人。

只是幸好，在拼命工作后的每一个深夜，我还有一个坚持写字的我自己，这个小小的坚持，让我熬过了很多艰难的时光。虽然直到今天我才知道这个坚持的小小的爱好给了我怎样的平衡与抚慰，但好在我还有，我没有丢失我自己。在物欲横流和霓虹迷乱的世界里，我还能通过写字，找见那个可能也被迷乱，被伪装，被言不由衷，被裹挟成另一个样子下的我自己。这样一来，便觉得自己幸运得不得了。

柏邦妮说过，我们必须找到除了爱情之外，能够让我们用双脚坚强站立的东西。**今天我突然明白，我们还需要找到除工作之外，能让我们感受到自己存在的东西，这个东西可能是爱好，可能是习惯，可以是任何东西。**但不管是什么，这一定是你在工作八小时感到难过和失落的时候，甚至是丢掉工作的时候，还能抚慰内心，以及在暗夜里想到便可以让你挂着眼泪睡着，并且能在第二天醒来的时候对自己说"没关系"的东西。

后来，我跟牛小姐说："其实工作上你很牛，有一天你会成为你想要成为的人。但现在的你也很牛，你找到了最美好的你自己。"那天正好是七夕情人节，牛小姐在 QQ 上给我打过来一行字："我要牛郎，不要牛，可以吗？"

PART 3

渴望戴皇冠，
就需自身硬

　　皇冠灼灼生辉，是梦想与荣耀的象征。
当你的才华还撑不起你的梦想时，你就需要
玩命地提升自己的实力。欲戴皇冠，必承
其重。

考研的女孩

有天在车里听广播说新一年的考研大军已开始备战，大学生们排队十小时为了求得一个考研自习室的座位。我没参加过考研，也很少接触到考研群体，但我想起了两个人来，两个曾经跟我在北大门口租300元床位的考研女孩。

A是一个农村出来的，胖胖的，大约1.65米高的女孩，黑黑的不施粉黛且有些粗糙的皮肤，笑起来嘿嘿嘿的显得很实诚。认识A的时候，我已经在那个10平方米四张床的小屋子里住了一年，A是我下铺第四个租客。当时她说她要考北大的光华管理学院，那已经是她第四年考光华了。第一次是大三，考上了但因为是大三不能上；第二次是大四，考上了但面试没过；第三次是毕业一年后，差了几分也没面试机会；第四年是我们认识的那一年。她白天要去上班，晚上和早晨起来就去窄小的客厅里学习。快考试的时候，她问我是否应该跟公司说明自己要考研去请一个月的假期，但又怕考不上没了工作。虽然这份工作并不很忙，也只是为了维持生计，并不指望赚多少钱，但如果没有这份钱，身为农村孩子的她，没人能接济她。当年我也大四，处在凌乱的实习和找工作当中，我也不好帮她下结论，于是很简单地说还是请假吧，考试要紧，第四年了。我们不是很熟，但我也替她捏把汗，不知道如果又考不上该怎么办，也不知道一个人的梦想究竟能被撞击多少次……我记得她考完最后一场回来，躺在床上，一天一夜没起来，全身酸痛，仿佛刚刚打了一场大仗似的。那年，她笔试通过了，我们都很激动。我建议她面试去买套正装，因为那时候我也面试也买了正装，感觉穿上正装整个人都不一样了，也更符合管理学院的感觉嘛。然后 A 跑去商场买了一件粉红的西装，衬着她黑黝黝的皮肤，我觉得不是很对劲。但那个时候我的衣服她也穿不上，我也没法帮到她什么，看她很喜欢那件粉红色的西装，我也就没再说什么。后来的事情，我就忘记了，可能她是搬走了，或者我搬走了，记不清了。但我记得过了一年左右，她跟我联系上了，那时候她已经是光华的学生，并且已经上了一年了，每天都在热火朝天地做案例分析什么的。我问她学费会不会很高，听说光华没有国家免费。她说要几十万，她借了一部分，剩下的自己打工，争取拿学期末奖学金。我不懂管理学的课程，看着她说得很高兴很激动的样子，我想起那件粉红色的西装和她黑黑的皮肤，心里有说不出的感动。这条路，她走了四年，终于走到了自己想去的地方。

B 女孩从西北来，长得很漂亮，小巧，巴掌脸，也是黑黑的，有点像邻家小妹妹。她要考北大的生物系，我们认识的时候，是她第二年考试。她住在我对面的床铺，我们都在上铺，相比正常上课而不用早起也不用复习到深夜的我来讲，我经常会看到 B 举着手电筒在被窝里学习的样子。据 B 介绍，她父母都是普通工人，老实善良，家里还有一个年纪很小的弟弟。如果今年考不上，估计家里就供不起了。其实她本科的学校已经给她推荐到了上海的一家顶级学府，但她就是想上北大，因此憋着劲儿要考，当时全家人都不支持她，学校老师更是非常生气。对于她来说，放弃另一所很好的学校，她自己也不知道能不能考上北大，因此压力很大很大，大到经常就哭了起来。我也不知道该怎么劝她，毕竟我不考研，体会不了，只能说些冠冕堂皇的话聊表安慰。当时她找了很多已经考上的师哥师姐去取经什么的，但收效甚微。同样，我忘记了后来，我就记得她喜欢看电影，总是哭，但后面不记得了。三年以后的某一天，我突然收到一个飞信号码加我，是她。那时候的她，马上要从北大化学系毕业了，问我一些找工作的经验什么的。原来，我忘记后来的那一年，她考上了，进入了自己梦想中的学校。

我给 G 先生讲了 A 和 B 的故事，G 先生很沉默，作为考研女孩本身就很辛苦，作为农村女孩或者家里还有个弟弟且家境一般的女孩来讲，压力会更大。我并不知道她们现在怎样了，考上了心仪的学校之后，她们又会有怎样的梦想，今天在哪里，过得怎么样。她们可能只是千千万万考研大军中十分普通的两个人，可能在你看来并不是榜样，也谈不上励志。但我只是想到，工作很多年的自己，以及千千万万离开学校进入社会的人们，还有多少能像当年一样，为了某一个目标去拼尽全力？现在，我们讨论的都是：如何战胜拖延症？如何快速提高英语水平？如何让老板喜欢我？如何快速提高写作能力？我们做什么都想要速战速决，两周看不到成效就觉得世界对我不公，或者一定是方法不对，想要去寻找更加便捷的方法，来安慰自己浮躁的心。

一定会有很多人跳出来说，考研有什么了不起，考四年值得吗？人生还有好多事可以做，上个研究生出来还不一样是打工的？赚钱还没有个体户多，研究生毕业一样当 Loser 云云。但如果一个人能为一个单纯的梦想努力很多年，而这个梦想一年只有一次去实现的机会，并且这个机会也同样会因为很多不可抗力而失败，但却依然矢志不渝，这本身就是一件值得去敬佩的事情，也同样是我们在慢慢丢失的能力与精神。这样的人，无论在任何时候，任何环境下，都不会差。

其实我们每个人都不缺梦想，特别在这个梦想都快被说烂了的年代，我们所缺的，仅仅是为梦想矢志不渝的精神，哪怕是一点点所谓的坚持，都显得弥足珍贵。而这一切，可能我们都曾在年少时拥有过，但却随着时光的流去消失在成长的激流勇进中。

不是每一个梦想都能实现，但每一个梦想都值得被尊重和敬仰。不是每一个梦想都能坚持，但每一个能坚持下来的人都是自己的人生赢家。

长大的标志，是学会独立决策自己的人生

我的 11-16 岁，是离开父母去姥姥姥爷家生活的。跟老人一起生活，管吃管住但管不了内心活动。当时我正值青春期，人生第一个重要的转折期，加上转学心里总会害怕新环境，因此内心活动特别丰富，遇到的事儿也特别多。当别的同学可以在家里和爸妈商量各种事情，或者撒娇耍赖，或者发脾气的时候，我只能默默地一个人在被窝里自己想，自己遇到的各种青春期的小破事儿到底该怎么办？父母不在身边，我也懒得打电话问，时间久了，我养成了遇到任何事情都自己想办法的习惯。这个习惯一直保留到今天，说我自闭也好，高冷也罢，我很少将自己的问题开口问别人，即使是问，也是经过了自己很多轮的研究之后，实在有疑难问题才会开口。如果开口问了很简单的问题，我自己都会觉得很不好意思。促使我坚持做到这一点的，源自大学里的一件事。

大学二年级的时候，我身在一个普通的二本学校，学着自己无感

的专业，对未来迷茫，找不到方向。像今天的很多人一样，我提笔给当时著名的人生规划专家徐小平和俞敏洪老师分别写了一封信，洋洋洒洒几千字，从童年讲到现在，从家庭讲到学业，从理想讲到现实。我以为我写得足够清楚，我也以为我是个特别不一样的人。就在我准备发出邮件的时候，我在书店偶然看见了徐小平老师的几本关于人生规划的书——《黄金是怎样炼成的》、《图穷对话录》、《仙人指路》等等，无数个和我一样，甚至还不如我的故事涌了过来。那是我第一次走出我的大学的圈子，看到了外面的世界，不仅仅是中国的大学生，还有很多留学生的生活。我也第一次知道，原来我自己普通得不能再普通。我在这几本书中找到了很多与我一样迷茫的人，徐小平老师给出的解决方案，也同样适合我。在阅读了几十个案例之后，特别是《黄金是怎样炼成的》这本书后，我对自己的未来开始强烈地明晰起来。直到现在，我依然在按照当时给自己设定的路线往前走。而我对徐小平老师的所有好感，都来自于那几本书。

我没有发出那封充满抱怨的信，甚至永久删除了那封信。我告诉自己，无论发生什么，都不要觉得自己很特别，也没有人有义务可怜我，帮助我，为我的人生提建议和负责。我所要做的，就是不断地为自己的迷茫寻找解决方案，不断地找，自己建立问题，解决问题，才能让自己真正地进步和独立。**一个人心理上不依赖他人，不仰仗世俗，就能好好地坚持自己。**

现在回头看去，在人生的很多问题上，小到处理人际关系、恋爱关系，大到买房投资，都不曾与父母商量，自己决定，自己负责任，即便失败了也自己悄悄承担起来，仅此而已。我也曾迷茫，不知所措，也在半夜里害怕地哭，也曾心惊胆战地熬时间，但时光会让自己慢慢长大。长大的意义不仅仅是身高、体重、样貌的变化，是内心，是坚韧，是独立，是面对和接纳自己。

每当我有问题的时候，想要做"伸手党"求助的时候，我总是告诉自己，不管自己有多少辛苦、多少迷茫、多少难以抉择，最后做决定的都是我自己。静下心来，分析利弊，听从内心的决断，即使错了也没关系。路还长，人生遥远，只有这样，才会慢慢学会真的独立，在大事面前才能撑得住、扛得起。况且，大家都这么忙，没人有义务当我的树洞。20多岁的人应该会自己决策和处理自己的事情，不会的也应该尝试去做，不能遇到点事就各种不知道怎么办。学会独立决策自己的人生，是走向优秀的第一步。

你可以原地踏步，但别觉得别人都该和你一样

　　我有一个朋友叫老高，这两年越来越美，将高中时的她甩出八条街。同学群里看到老高现在的样子，同学们纷纷一口咬定老高整容了；我把她照片发到微博上，本来想励个志，又有无数人涌上来说"肯定整容了"。老高长大后学会化妆，往脸上招呼各种化妆品不假，但整容是绝对没整过的。很多人问老高怎么就能这么瘦，怎么能保持那样好的身材。老高的秘诀就是：健身，锻炼，努力工作，一天十几个小时，干的都是体力活。她在日本开饭店，人手不够需要自己刷盘子、收钱、打扫卫生；同时还做做代购，需要不停地购物，打包，搬来搬去发货。每天累得跟狗一样，怎么会胖？你为什么和她有差距？或许她在对着视频学化妆的时候，你在晒着太阳睡大觉，然后她就出落成美人儿了，你还是毕业时那个土土的你，就这么简单。

　　在学校的时候差不多的同学，毕业后经过几年的闯荡，无论是社

会地位、经济收入、样貌身材、生活状态，都千差万别的。一天半天的努力，看不出什么差距来，但日积月累就特别可怕。人是在不断发展和变化的，上学时候用不上的能力，没准进入社会就恰好用上了；小时候对学习没用的能力，没准后来就成为人家吃饭的本领。人生无常，际遇难耐，自己原地踏步好几年，看见别人飞黄腾达，就开始吐酸水。我们之所以吐酸水，是因为没有能耐赶超别人，又不愿意承认别人比自己强，总觉得你应该跟我一样才是正常，于是就用恶意的揣测来让自己心安。

这样想了之后，我们就过好了吗？

我第一次认识小令的时候，是在几年前，一个游走四方、放弃哈佛剑桥录取通知书创业、最高纪录一天赚 10 万元的姑娘，哼哼，有什么了不起的，长这么漂亮，肯定不是亲爹有能耐，就是背后有干爹，否则一个大学生，还是个女孩，怎么会有这么大的能耐？那时候的我和她，在同一家出版社同一个时间段出书，一来二去过了好久才相熟。今天的我其实依然不知道，小令是如何在大学就能创业，还能赚得满盆金箔，如何在最高潮的时候放弃第一个公司转入时装定制行业，又是如何在第三次创业中，半年开起了三家沙拉店。我只见过她为了创办沙拉店每时每刻的努力，今天奔波好几个城市选地址，明天精打细算定家具，后天自己徒手上阵钉钉子装修，大后天与商场的霸王条款进行斗争，斗争不过一个人坐在路边哭。当我自己坐在空调房中听着音乐，喝着咖啡，和朋友聊着小天的时候，小令在同一个平行的时段内，经历着与我天差地别的生活。她不仅没有干爹，还帮家里还了好几年的外债。这样一个姑娘，当她能一个人半年开起三家店，她赚得比我多得多，过上了比我好的生活的时候，我有什么不平衡的？

　　每当看到比自己优秀的人，我总是提醒自己，他有哪些优点我自己没有，我应该向他学习什么。即使对方有背景有关系有门路，那也一定有其他优点才能成功。比如有的人喜欢交际人脉广达，而我自己没事就喜欢钻家里不说话；比如别人每天坚持看一段 TED 的英文演讲，日积月累就会比我强很多。当看到别人很优秀的时候，正确的第一反应应该是找到自身的差距，而不是抱怨和挤兑别人努力的行为。就算把别人的关系和门路放到你身上，你是否能做得跟他一样好？还是依然是个扶不起的阿斗？

　　在我们生活的环境里，大多数人的资质和背景都一样，当我们原地踏步的时候，总有一些人在不停歇地往前跑。有一天，当我们再次相遇的时候，别觉得别人在跟你炫富，别觉得别人都在装逼，那是他们那个层次里最普通不过的生活。

　　当然，每个人的志向不同。有人喜欢平淡如水的生活，有人喜欢刀光剑影的商场。但无论在怎样的环境中，努力是一门必修课。生活不易，即便是不断往前跑还会过得着急忙慌。**看见别人努力和成功的时候，请为他的优秀点个赞，而不是背后默默捅一刀。**

时间花在哪里，都是看得见的

在家休产假没事干，和很多妈妈一样天天惦记着给孩子买买买。从月子里没事儿干躺着看手机，到后来一没事就买买买。几个月下来，哪个国家的什么东西最好，哪个品牌的大猫店又打折了，哪个网站又开始秒杀了，哪个网站最近大折扣，真是了如指掌。无论是国内网站，还是全球海淘，我就像一只小买手，总能在价格最低的时候买入，引得全家人的一片赞叹，还能帮朋友一起买。有一天，我又花了一块钱买了五斤大芒果之后，我老公忍不住问我："你究竟是怎么知道这些打折信息的？"我脱口而出："时间花在哪里，都是看得见的。"说完这句话，我也有点呆住了。

从一个母婴购物小白，到成为小圈子里的打折买买买小能手，专心致志几个月就做到了。但做点其他的事儿，怎么就专心不起来呢？

我也有点转不过来，坐着想了很久。刚开始休产假的时候，我对自己好几个月的产假，有很多安排。除了带孩子，我还可以把家里几柜子的书都读了，健身练个魔鬼身材，天天笔耕不辍地写作，或者专攻一下某一个领域，争取产后上班时候成为大拿，等等。可事实上，带孩子的辛苦远非我想象，尽管有很多人帮忙带孩子，但生孩子后体力上的损耗之大也让我恢复了很久。这样一来，躺在床上拿着手机刷各种购物网站，加很多代购每天逛商场一样看买买买的新产品信息，着实是一件很爽的事情。但读书呢？写作呢？学习呢？

日常生活中，我们总会对自己有各种各样的期望和想象，我也经常收到读者的来信，问我："我现在开始做 ××× 还来得及吗？"我也常问自己，现在开始猛攻英语还来得及吗？现在开始读金融还来得及吗？现在转行还来得及吗？然后一天都没有行动，一直在幻想和意淫当中度日，结果看到别人的成绩就对自己悔恨和愤怒不已。

事实上，进入一门新的学科并不是难事，难的是开头，以及最初21 天的坚持。人的本性总是想要逃避困难，只想做简单顺利的事。但进入一个新的领域，总会遇到难处。成年后的困难在于，没有老师再会像小时候一样，带领着你手把手地教，很多困难还没遇到就帮你摆平了。因此，成年后的我们，在自学的路上，或者在并没有外力强制的培训班里，就会觉得怎么到处都那么难。既然这么困难可能不适合我，于是就放弃了。

我的工作是公关营销，面对不同行业的客户，从身边的 IT 产品到遥远的挖掘机，对从业人员的要求就是要有迅速了解一个行业的能力。通常从大量通读一个行业的所有资料开始，一般两三天，就要求了解个大概，从行业信息到上下游相关产业，从竞争对手到客户目前的优劣势。很久以前我还是有这个技能的，但很久不做业务之后，面对纷繁的信息，自己也有些抓狂，不再愿意去费这个工夫和时间。**事实上，是进入社会后的浮躁，让我们离实力越来越远。**

离开学校越久，就越发怀念在学校里特别努力的自己。曾经为了一道数学题想一个通宵，为提高一门课的成绩，苦学整整一个假期。那时候的我们，从早自习到睡前都在学习，每 45 分钟间隔 10 分钟休息，还乐此不疲，而现在小长假都不足以休息和兴奋起来了。时间花在哪里，都是看得见的，这句话简直是学生时代的写照，但在如今，却像是励志语录一样，只有在需要打鸡血的时候才被抬出来，有点作用。

有段时间重新开始学英语，故意把 10 节课都排好，强制自己在每天晚上儿子睡了以后上课，坚持了十天之后口语果然得到很大的提高，至少不再胆怯和害怕出错了。在第一个阶段结束后，却至今没有排出第二阶段的课。总提醒自己赶紧排课，但却总是觉得上班很累带孩子很累，明天再开始吧。时光一天天流过，学英语的时间花在哪儿，却一点都没看见。

记得之前看到一段话，有人问自己马上要 30 岁了，现在开始学一门新语言是否还来得及。有一个人回答他，没有什么来得及来不及的，如果不学，到 30 岁那天，你依然什么都不会。朋友圈里天天有朋友在做坚持读书的记录，无论是 100 天读书计划，还是英语学习打卡记录，时间花在哪里，有一天你一定会看得到。

所谓奋斗，其实也没多艰难

很多人问我："读了你的书，觉得你那么拼，这样生活累吗？"很多人看完我写在北京租房的文章后问我："这么艰苦的条件，要我根本坚持不下来。"看到这些话的时候，总觉得诧异，因为自己心里并没有觉得艰苦，无非是某些事情对自己有点要求，不能比周围人差太多罢了。可能我是一个对物质要求不高，也对自己比较苛刻的人。回顾过去的日子，并不灿烂，也不凄惨，只有深刻，一幕幕都在自己的回忆里，没有后悔，也没有遗憾。我看得见自己的成长，看得见自己的变化，因此对得到过怎样的回报，不管大小都心之坦然地接受，这就够了。

可能是选秀节目里流着眼泪讲完的奋斗故事听多了，很多人都会觉得奋斗一定是件常人难以忍受说起来都必须流眼泪的事儿。可事实上，所谓无法忍受，无非是"由奢入俭难"而已。离开了父母温暖的小怀抱，便会觉得早起自己挤公交吃盖浇饭就是苦，租个小破房子没空调就是苦，上班被领导骂几句，被同事翻个白眼，甚至出门被一片落叶打脑袋上也能落下泪来。可这就是年轻人的生活本来该有的样子，这到底苦在了哪里？

公司里的有个小朋友跟我说："星姐，为什么我总觉得我的生活很艰难，快要支撑不下去了呢？"其实，没什么事情是你支撑不下去的，如果有，原因只有一个，你还有后路可选。比如小朋友的房租都是爸妈在付的，自己只用工资买买衣服，看看电影，生活还算优越，也遇不到什么特别的困难和危险。脑子里总有后路，便不会为自己下什么狠心，也就不愿意去承受什么艰苦一点的环境，吃差一点的饭菜，走远一点的路，稍微付出点，就会觉得自己不该过这样的生活，人生迷茫得不行。

我收到过很多人的来信，都跟迷茫有关。不是上错了专业，就是工作不喜欢，再或者就是自己应该去大城市发展，不该窝在这小地方，仿佛全世界的人都摆错了自己的位置似的。其实人生哪个阶段都会有困惑和迷茫，跟有没有钱，成功与否都没有关系。**这世界有很多让人觉得特别励志的人，并不是因为他们都活明白了人生，而是因为他们更愿意在遇到问题的时候多自省和思考一步，更能坦然地接受每一次麻烦的发生，并有足够的信念不断打碎自己，捏一个全新的自我。**豆瓣红人、朋友鼹鼠的土豆说过一句话："倘若你的生活里什么麻烦都没有了，那你离死也就不远了。"每次我遇到问题和麻烦心急火燎的时候，总会想起这句话，便会庆幸自己还好好地活着。

当初我开始上研究生课程时，课堂上老师讲了一个道理，信念对人的行为和发展有非常重要的指导作用，也就是所谓的你是怎样想的便会怎样行动。风靡全球的畅销书《秘密》的核心意思也是如此（这个道理还有一个名词叫"夏威夷巫术"）。有时候我会在网上推荐一些好书，很多人会给我留言说："我还是穷×，我买不起啊。"有时候我写到健身，很多人会留言："我这么穷，哪有钱去健身房？"其实，买一本书和去哪里健身并不会让你花什么大钱，但我觉得，总说自己穷的人，真的会永远苦下去。我记得我刚实习薪水一个月350块钱的时候，便开始盘算，如果想五年内买房，首付至少要多少，每年需要赚多少存多少；看到别人生孩子在环境优美但价格昂贵的私立医院，我便也觉得等我生孩子的时候也要去这样的医院……这种想法可能很多人会觉得俗，一点都不文艺清新，这不就是攀比吗？但对我这种爱钱的人来讲，这是一种生活信念，奋斗对我而言，就是由一个个信念组成的。这些信念可能是你父母一张银行卡里的钱，可能是你生来就有的资源。我没有，但我有信念，有信念，生活就不会苦，也不会难。

我还有一个朋友，中专毕业，父母都是最普通的农民，他在北京一直生活在郊区最底层。我认识他的时候，他就像接受过传销蛊惑一样，极度相信自己五年后会去美国发展，一定能成为富豪。五年后的前不久，他真的带着老婆孩子生活工作在美国了。也许你会说，他在美国也是普通人。但这不重要，重要的是他实现了第一个梦想。有信念的人，未来都不会差。

其实年轻的路上谁都一样，迷茫，彷徨，对未来没把握，不知道自己的未来在哪里。所谓的奋斗，不是让你天天泪眼婆娑地看到一片落叶都觉得自己孤单凄惨，不是让你回忆往事的时候就哽咽得说不出话来。奋斗应该是一种信念，一种态度，让你面对未来的时候信心满满，回顾过去的时候心情淡然。所谓的奋斗，其实无非就是一天天重复普通的日子，并努力把普通的日子过出不同的花样来，可以吃点粗茶淡饭，愿意走远点路上班，耐心地等待和努力，心中充满对更好的生活与人生的信念和希望，这，其实没有多艰难。

世界那么大，哪有时间跟烂人烂事絮絮叨叨

我妈一直说，我现在能在北京生活得还不错，并不是我多优秀多能干，而是因为大学的时候我和我的家人愿意让我到北京做交流生，虽然花了更多的钱和时间，也付出了很多辛苦和努力，但如果是我的同班同学们也来了，都不会比我差。事实上，确实是这样。我并不是一个多么聪明拔尖的学生，甚至都不算是个好学生，也就是特长学得比较丰富点而已。我所有的，只是比别人多了一个机会，并且我很幸运地抓住了而已。即便这样，我依然觉得这句话是我妈在夸她自己英明神武。

看过一本书，叫《稀缺——我们是如何陷入贫穷与忙碌的》，书中说美国两名大学教授经过多年研究发现了一个真相："穷困之人会永远缺钱，忙碌之人会永远缺时间。"因为即便是给穷人一笔钱，给拖延症患者一些时间，他们也无法变得富足和高效。实际上，在长期性的资源（钱、时间）稀缺中，人们对眼前的一切过分地专注，书中

命名为"管窥"之见，只能看到"管子"之中的事物，虽然可以带来暂时的利益和好处，但从长远来看，这种过分的专心致志，让我们在判断一件事情时的"带宽"能力降低。所谓的带宽，我理解成"见识与远见"，也就是看到对未来和大局影响的能力。

我记得高三毕业的时候，我有两个机会，一个是留在本市的一所一类院校里，一个是去东北的二本院校。那时候父亲刚刚去世，家里无论经济还是各方面条件都非常非常不好，每个月的家庭收入只有600元。周围人都跟我妈说，让我留在本地，这样有人陪着我妈生活，还能省不少钱。但我妈坚持让我去了遥远的东北学校，甚至这只是一个二本学校。她坚持认为，一个人大学还没有走出本地，以后走出去的机会和能力就非常小了。她不能因为自己的私利，耽误了我的一生。我妈确实英明神武，带宽能力高超，因为等我真的走出去，并且毕业几年以后回头发现，确实很多在本省上大学的同学，从小可能都没怎么出去过，毕业后也基本留在本地就业和生活。而我，也因为她把我丢出去在外面扑腾，真的打开了全新世界的大门。有时候想想，会很感谢我妈当年的眼光和心胸，如果不是她，我可能现在正坐在家里，羡慕外面的世界。

"穷困之人会永远缺钱，忙碌之人会永远缺时间"这种现象，在我们生活中也比比皆是。比如朋友说他自己因为舍不得打车，下雪天走路回家，结果冻感冒，花了更多的钱买药；我以前贪便宜买了只是凑合还行的衣服，但却一直不愿意穿而束之高阁；同事早晨节约了五分钟时间没有对全天事情做一个统筹规划，而让一整天都手忙脚乱……

即便你真的给予对方更多的钱和时间，这种情况依然不会改变，因为思维里对事情处理的带宽能力是没有发生变化的，也就自然无法改变这种对钱与时间捉襟见肘的紧迫感。我想起我正式上班后的第一任老板，一个精明干练大气的新加坡女人，她对当时刚毕业的我说得最多的一句话就是："要有格局。"

格局，以我的理解看来，就是一个人做事情、看世界的眼光和心胸，你要能看到未来，看到你做的每件事对你未来的影响，而不是仅仅只看眼前。就算做一个PPT，也要心中有画面，才能开始动手，而不能打开一个空白板就开始在上面写字。比如说买一个东西是否用得上，能用多久，能代替哪些东西；做一份报告都有谁会看，是否需要写成双语；做一件暂时亏本的事情但是否未来能赢得更多；做一份投资前是否对自己或他人的未来有特殊的改变……要舍得花钱为自己投资，要舍得花时间去学习，刚毕业的时候穷很正常，30岁还穷只能怪你自己。

当然，在这个职业生涯遍布全球的老板心中的格局是整个世界，而我只能理解到此般琐碎和狭隘的境界，但也足以让我受用。特别是自己在生活里遇到烦恼和生气的事情，或者背后的诽谤与捅刀，我都会提醒自己，心中要有格局。**世界那么大，能做的事情那么多，哪有时间跟烂人烂事絮絮叨叨？** 时间一长，我真的越走越顺，我心里的世界越来越大，也赢得了越来越多的机会和认可，而那些当年背后捅刀的人，依然还是那个样子。我的格局，让我越走越远，远到再也看不见背后的那些刀。

这世界本就因为多元化的存在而美丽

年轻的时候，我们总是会对自己所没有的东西进行一种自我安慰和说服，简单点说，没结婚的总爱说婚姻是爱情的坟墓，婆媳关系分分钟搞死你；没孩子的总说孩子是女人一生的羁绊，会把女人直接变成肥粗老胖的黄脸婆，分分钟失去少女般的美好生活；没买房子的总说房子压制年轻人的梦想，几十年套牢在一堆砖头上是多么傻的人生；还在工作岗位上苦 × 的总说年轻人就应该志在四方，来一场说走就走的旅行才不枉一生少年轻狂。

我以前也是这样的，自己没有的时候，就去鄙视另一种生活状态，总觉得自己当下的选择特别正确高明，其实，是自己涉世未深，阅历尚浅，还特别自以为是的觉得，自己的内心坚贞不屈、永不动摇。

我没孩子的时候，最大的苦恼不是怎么养，而是家里乱。看见别人家因为有个孩子，满地都是玩具地垫，窗台上都是尿布衣服，怀孕还没生的满屋子都是蓄势待发的尿不湿奶瓶，全家人都围着孕妇吃吃吃的。一想到我整齐的屋子就要因为一个小孩子的出现而占满，就满脑袋包。有一次我跟 G 先生沟通这个事情，几乎要崩溃得想要离家出走了。爱收纳和设计的 G 先生反而一脸迷茫地说："谁说有孩子就一定是这样的了？在我们家这是不可能的，我这么要求高的人，我爸妈这么爱整齐干净的人，绝对不会这样。"现在我还有不到一个月就要生了，家里已经买齐了孩子的所有物品，大件小件一并齐全。除了一个小床放在房间里散味道以外，所有的物品都归置在看不见的地方，有的东西被 G 先生收纳得我都找不到了。现在的家，依然和以前一样干净整洁，而因为东西越来越多，G 先生收拾整理得更加勤快，断舍离和不断收纳的生活方式让我开始慢慢对孩子出生以后的生活有了期待，也更相信事在人为的道理了。

20 多岁刚毕业的时候，总有些前辈爱跟我说："你 ××× 的时候就知道了！"比如：你上了班就知道了老板是多没人性的黄世仁；你结了婚就知道，老公绝不可能婚前婚后一个样；你怀孕了，就知道妊娠纹、胸下垂、黄褐斑一个不落都跑来找你了；你生了孩子就知道老公不重要，娃才是第一位的；你过了 30 岁以后就知道减肥是不可能的，爱情是靠不住的……这些话对于涉世未深、还未经历太多人生变化的自己，很容易就有了恐慌和害怕的味道，不知道自己该怎么办，于是带着恐惧的心理去意淫另一种生活状态可能带给自己的冲击和可怕的变化，还会信誓旦旦地抵抗着另一种生活状态的到来。

随着年龄的增长，我也恋爱、结婚，有了公婆，有了孩子。但现在的我开始明白，那么多令人恐慌的话多半是失控的人生想拖你下水，但每个人都是不一样的。每个人的人生都是一场独一无二的剧本，你可以照搬和抄袭别人的，也可以演出自己的样子，无论是幸福还是不幸，都依赖于自己如何经营，也都是事在人为的结果。用同事的一句话说，那就是："无论你过成什么样儿，都是自己作的。"与此同时，你的剧本也会随着年龄和阅历的增加，能力和信仰的变化而被不断修改和重写，这种变化究竟是对过去的自己的妥协和背叛，还是成熟与进步，都只看你的内心是否感到幸福和满足。对生活的经营，来源于每个人自己与周围的沟通与交流，互换与忍让，绝不是别人怎么样，你就一定会怎么样这么简单。就好像同样是上班，有人只能不断抱怨哀叹，但有人能如鱼得水、步步高升一样。

事实上，世界上有婚姻和爱情荡气回肠令人神往，大部分女人也因为孩子的出生让自己有了甜蜜的负担，没买房的不见得都实现了自己的梦想，辞了职云游四方的很多只是不想上班。所以，**当自己没过上另一种生活的时候，别一刀切地敌视着对方，决绝地表达自己的立场和观点**。可能是因为自己年龄不到，阅历不多，学历不高，经济能力还不够雄厚，精神境界还达不到。这世界本就因为多元化的存在而美丽，而自己的心也应该努力接纳百川。

想要过丰富的人生，就要从拥有丰富的内心开始。看再多的书，去过再多的地方，一切的一切只是用来开阔眼界，丰富内心而已，具体自己能过成什么样，还是自己的剧本才知道。

当你的才华还撑不起你的梦想时

如果累了，就哭一会儿再上路

　　小侄子年初在我家生活过一个月，五岁的小朋友有那么几个晚上总是玩得好好的就突然拼命跑上楼来找我。我以为是受委屈了还是摔倒了，可问来问去好像也没出什么事情。后来几次，我只是安静地抱着他，摸摸头拍拍后背，紧紧地抱着他。他哭一会儿就好了，转身擦干眼泪又下楼玩去了。

　　有一次我老公 G 先生问我："他怎么了？你好像什么都没说？"我说："是啊，他只是玩累了，想要一个拥抱而已，并没什么问题。抱着他给他一点安慰就好了。"老公想了想说："其实大人累的时候，想要的也只是一个拥抱，或者哭一次而已。"

　　G 先生说，他不会哭，即使遇到很难过很痛苦的事情，也只是心里难受，但哭不出来。可能我们都早已经失去了哭的能力吧。我看过很多儿童教育的书籍，了解很多父母和爷爷奶奶的教育理念，这让我愕然发现，我们会哭的能力，从很小的时候就被压抑了。每当孩子哭的时候，大人都会说"男子汉不能哭"、"哭什么哭，再哭就砍断你的手"，遇到不高兴的事情哭一下，大人都会来各种哄，只希望你闭嘴不要再哭出声音来。还有的只要孩子一哭，就塞一勺子盐在孩子嘴里，然后威胁孩子不许哭。曾经看到一句话："家长不能抱着小孩是给自己添麻烦的心情去养育，而应该顺应他作为一个人的本性需求。"可大概很多家长制止孩子的哭泣，并没有想到过这是孩子内心自我安慰的需求，而只是单纯不想让孩子给自己添麻烦吧。大人们对小孩摔倒了不哭、遇到困难不哭而大力夸奖小孩坚强，其实质是小孩不哭，就不会打扰自己，不会让自己烦，但小孩憋在心里的伤，以及形成的压抑自己情绪的习惯，却没人看得见。

直到有一天，我们不会再哭了，遇到任何困难和问题，都忍在自己心里，憋得好久喘不过气来，但如果哭出来，就总觉得自己特别惨，全然忘记了其实哭就是一种单纯的发泄方式，没多好，也没多惨，跟去超市捏碎方便面一样，就是一种发泄的方法而已。而很多高大上的教育告诉我们，要想做一个很牛的人，就一定要不知疲倦地往前冲；想做一个女汉子，就要有铁打的身体坚强的意志。如若不然，就是太过放松自己，懈怠自己，于是自己的内心产生深深的愧疚之情。

很久之前我也是这样，甚至不知道难过。遇到困难的时候，完全感觉不到，总觉得日子像瀑布一样奔腾着高速往前跑。记得高三转学之后，老师有一次跟我妈说："感觉你家孩子情绪总是不好，很少笑，很少开心，没什么表情，不像18岁年纪应该有的样子。"其实现在也是，越长大，

当你的才华还撑不起你的梦想时

154

见过的悲伤和难过越多，隐忍和自我压抑越多，就会变得高冷和静默。G 先生说，我是一个有些阴郁的人，可能白天还会装模作样一下，但到了晚上就会情绪不良到崩溃。我很少哭，特别是不会自己一个人哭，只有遇到 G 先生之后才会哭得比较多。大概人总会在最亲密的人跟前才会哭出来，但如果自己一个人，却断然看不到自己内心里的痛吧。

我曾经问 G 先生："我说过的什么话让你觉得最浪漫最温暖？"他说："就是我很累压力很大的时候，你会跟我说'不要上班了，我养你好了'。"我想了想，我确实从没有说过"加油，你可以的"这样鼓舞人心的话，我说的基本都是让人懈怠的话，难道这样的话也会让人觉得温暖吗？可反过来想，我也有很难过很累很烦的时候，每次老公也只是说："咱不去上班了，我养你就好了。"虽然看似没用的一句话，却让自己能偷偷觉得还有条后路一样的舒服。

很多人问我："如何能一直保持高昂的劲头向前冲？"其实，没有什么办法，因为并不是所有的日子都在往前跑。以前不懂得爱惜自己，累的时候还在坚持，效果并不是太好；等懂得了爱自己的时候，累了就会什么都不干，放空自己去休息。这世上很多很多的励志故事，其实都好像 PS 过了的照片，给你看到的，都是最光鲜的一面，但你需要去调节自己的节奏，包括身边最爱的人们的节奏。高压力快节奏的生活下，每个墨蓝色的黑夜里，听听自己的内心，是否在悄悄地哭泣？

如果累了，就哭一会儿再上路，哭真的不是什么丢脸或者凄惨的事儿。停下来温暖一下自己，才会让你的再次起跑更有力量。

总觉得自己找不到方向

之前有家公司 A 来挖我加盟，对方高层老板很看重我，也开出了近乎三倍原来公司的薪水，这在很多人看来是求之不得甚至是天时地利人和的机会，我也很动心地准备去。后来突然发生了一些事情，我还是没有动身。之后的一年，我在原公司里过得很艰难，甚至是毕业工作以来最艰难的一年，有好多个晚上坐在床边上哭。我曾经后悔过，心里想着如果当时离开是不是这一切就都不会发生了？后来有一次跟 A 公司的朋友吃饭，说起我没有来，朋友说："幸好你没来，那年客户大变动，来了个变态客户，气走了我们好几个同事。"

那一刻我心里一颤，如果我跳槽走了，很可能我也被气走了，可我没走，也在原来公司郁闷得要死。那么走和不走，其实并没有太大的差别。

有天朋友给我看 2015 年的星盘，我顺手点回很艰难的这一年，发现正如星盘所说，那一年是我最艰难的一年。也就是说，不管我在哪里，在干什么，就算在家待着不出门，也会很艰难。虽然我平时不相信什么星盘，也就是看着玩玩，但事实与预测吻合的时候，总还是觉得有些道理。

每当有人问我如何选择最适合自己的工作或者人生道路的时候，我就想起这件事情来。这件事情让我明白，其实每个选择没有所谓的成功和失败，在一条路上失败，并不意味着当初选另一条路就一定能成功，不同的尝试看不同的风景而已。有时候运气好就顺利一些，运气不好就艰难一些，但并没有什么太大的差距。遇到困难可能意味着有一个好机会成长，一路顺风也并不一定就表示成功。我最艰难的那一年，虽然难过，但回想起来也锤炼了自己很多，也得到了一些意外的收获。只是当自己总觉得艰难的时候，会自动屏蔽掉那些收获，视而不见而已。

又有很多人说，我感觉无论我选择什么，都特别失败，没有一个干得下去，但我也不知道什么适合自己，不知道该怎么选。有时候我也会觉得这样，因此我开始思考，适合的标准到底是什么，自己才会满意呢？

后来我发现，当我们觉得一个选择不适合自己的时候，其实通常就是遇到麻烦的时候。看多了成功故事的访谈，总觉得那些人都是选择了适合自己的工作，所以肯定什么困难都没有，因此也会觉得适合的标准就是"飞黄腾达，几步登上人生巅峰，早日赢取白富美，成为人生大赢家"。而但凡遇到任何困难和阻力，那就说明这个行业不适合自己。所以就感觉行行都不适合自己，无法做出人生选择，感觉做什么都难，所以总觉得自己找不到方向。

我们总会下意识地在选择了一条路并遇到困难的时候想着也许选择另一条路就好了，但事实上，每条路都差不多，都要经历艰难险阻，都要遇到该有的困难，只是当我们看到别人好像很顺利并心生嫉妒的时候，是因为那些苦，我们并没有看到，或者会比较一下觉得好像自己更苦。

我老公曾跟我分享过一个成功人士的感言，成功对他来讲的三要素就是：热爱、勤奋，以及不断地给自己找麻烦。热爱和勤奋不难做到，但难的是最后一条："不断地给自己找麻烦。"这句话和以前知道的一句话类似，意思就是当你感到困难和麻烦的时候，才是你进步的时候。这点在我和我老公身上体现得就非常明显。我和我老公其实工作时间虽然相差没几年，但成就上相差甚远。他就是一个勤奋又真正不断给自己挑战，不断给自己找麻烦的人。而我和很多人一样，看上去勤奋也用功，但少不了在遇到困难的时候退缩和逃避，总觉得自己不合适干这个干那个。遇到困难就甩手不干了，干起来很洒脱又帅气，一路也没遇到什么大的挑战和困难，但几年后的成就完全不可同日而语。

我做公关七年了，回想起来，我也不知道自己是不是适合这条路。但想想别的路，也好像没有特别的喜好和向往的东西。我在写作这条路上也没有什么特别的感受，但唯一不变的是能坚持下去。现在我慢慢明白，其实在自己没有特别偏好的时候，每条路都差不多，如果遇到困难就退缩，那哪条路都不适合自己；如果遇到困难能克服，让自己能力不断加强，那哪条路都能走得还不错。只有极少数人从很小就知道自己想要什么并最终从事了这样的事业，其他的都要试试看，更要坚持、努力、不断克服困难地试试看，才能叫真的尝试过。

其实，你并没什么特别

20 岁出头的时候，总喜欢让自己显得标新立异，因此总觉得自己很特别，生活很特别，思想很特别，连睡觉做梦都很特别。那时候总喜欢说："我是一个很奇怪的人……"希望引起别人的注意，也希望别人发现自己的特别。现在想来，这可能是一种长期作为普通人的心理反应，在自己开始独立走向社会的时候形成的自我安慰。随着自己的渐渐长大，这样的想法慢慢消失。忽然想起了以前曾经看过的两本书，这让我想起了曾经自己的样子。

这两本书都是用图片的方式，记录了 200 多位中国不同阶层、不同身份、不同背景的人的生活状态，他们可能是挥汗如雨的建筑工人，可能是舞台上的大明星，可能是传承古老艺术与文化的手工匠，也可能是为梦想打拼在体操房里练功的小女孩……他们和我们一样，生活在这世界的某一个角落里，为了心中的一个小小的期盼努力地生活。这个期盼可能仅仅是"让日子过得好一点"的想法，也可能是个"奥运冠军"的梦想。只是，当我看到他们的时候，才发现原来每个人是那么的不同，原来生活有这么多不同的活法。作为常年坐在办公室里、生活理念自己觉得还很丰富、但其实仅仅单一到了"赚更多钱，买更大的房子，让孩子上最好的学校"的自己来讲，也许在平时，我们不会理解，用毕生精力去刺绣敦煌壁画能赚到钱吗？传承一门做竹椅子的手艺到底没法让家里有新房子吧，再或者皮影戏这种东西真的还有人看吗？坚持到底有什么意义？但当你真正看到他们的眼睛，和他们日复一日浸泡在其中的时候，内心有很大的颤动，为自己的狭隘汗颜，也为他们的执着感动。原来，少年时飞扬跋扈地想"这世界就是我的"的想法是那么幼稚，这世界分明是平等地给地球上每个人的。

生活在普世文化中的我们，总会有一种错觉，自己坚持的就一定是对的，与自己不同的一定就是错误的价值观。每个人都希望自己处在兼容并包的思想氛围中，每个人都希望有民主的声音，可真到自己身上，连隔壁邻居的消费观念不同都会看不惯，关起门来就会评论一番。 曾经的自己，也很喜欢评论别人的生活方式与思想形态，可后来我发现，不同只是不同，并不代表不对。每个人所处的社会背景、阶层、环境与自身认知都完全不同，处世原则与态度自然不同，你认为好看的，别人未必这么认为，你认为买昂贵的东西不值，但对别人来说可能只是正常水平的消费，你认为没意义的事情很可能是别人终其一生追求的梦想。世无孔子，谁能定是非之真？是自己太过狭隘，没见过太大的世界；而自己也并不特别，只是芸芸众生中的一个，持着最朴素的理想和方式，在世界的一隅过着平凡人的生活。

这两本书中有一句话是这么说的："当你活在自己的小圈子里，总会觉得自己很不容易、很苦或者很伟大。可当你有机会看到别人的生命，你就会发现，这个世界是如此多元。而你只是芸芸众生之中的一个真实存在。就像看病，每个病人都觉得自己的病与众不同，但对于医生来讲，其实没什么不一样。生命的独特性和普世性就这样真实存在着。"

年轻人当中流行着一句话："每个人都是唯一的、特别的。"因此每个人都较劲地活着，总是自命不凡，稍微遇到点挫折、困难，就觉得自己遇到了天灾人祸，生活工作里总觉得一切美好和顺利都应该跟随着"特别而有个性"的自己。焦虑，暴躁，着急，抱怨，充斥在每一个正值年少的年轻人的眼睛里，我也曾经是这样的小孩，虽然我比大多数人要顺利、获得的更多。但现在我理解，这句话的意思其实应该是说，每个人应该珍视自己的才华与特点，好好爱惜自己内心大大小小的不同，包括理想与信念，思想与行为，而并非指用自大的心态，统一周围人的世界观，与我不同者，持格杀勿论的心态。当我们慢慢长大，见过越来越大的世界，越来越多的人，在生命的某个瞬间，我们会突然明白，我们每天都在做很多事情，在影响很多人，很多人也用自己的方式在影响着我们，这一切变成了一个完整的生命网络。其实每个人都只是这张网中的一个元素，芸芸众生，我们并没什么特别。

尊重别人的思想与行为，默默祝福和理解每一个人的生活方式与秉承的生活理念，珍惜自己内心小小的坚持，生活便可以温暖与平和许多。

当你的才华还撑不起你的梦想时

我们都以为，有天成功了就一定会幸福

有天中午吃蒜薹炒腊肉的时候，我想起了两个人来。

她们是我曾经租房住的时候的合租室友，根据年纪排序，她俩分别是老大和老二，我是老三。老大有一个奇特的减压方式就是早晨做饭。因此我们三个人商定，每人每月交 100 元钱，老大每天早晨做饭，我们三人都中午带饭。老二每天负责下班买菜和管钱，老三我不太会做饭又能折腾，因此老大老二坚决不让我进厨房，只让我等着吃就是对她们最大的回报。三人一个月共 300 元钱，这个费用太少了，我提议多交点钱，但老大老二坚决控制在这个范围之内。因为我经常有约不带饭，对吃饭也没什么大兴趣，因此我也不知道她们都吃什么，也没太注意我每次都带着什么饭。

有次我下班回到家，老大从屋里伸出一只脑袋问我，明天带饭吗？我想了想说："带吧。"话音刚落，老大把头扭向另一个方向，朝老二的屋子喊了一声："老二，买蒜薹，明天老三要带饭。"我有点奇怪地问她："什么叫老三吃饭买蒜薹，你们平时不吃吗？"老二边换鞋边说："我们平时就吃白菜土豆什么的，老大说你爱吃蒜薹，所以你吃饭的时候我才买蒜薹。蒜薹比较贵嘛。"

我有些发愣，但也不知道该说点什么。她们两个各干各的，跟没事儿人一样买菜的买菜，拜佛的拜佛。我这才回忆起来，自己每次带饭都有蒜薹这道菜。我一直以为，她们也爱吃呢，但没想到她们这么迁就着我，自己辛苦劳动，还要顾及我爱吃什么，还要为我去买贵的菜，自己平时就吃便宜的。

其实老大每天早晨7点就起来做饭，而我每次都是被从门缝里飘进来的菜香叫醒。老大的菜有一种独特的味道，这种味道包含在所有的菜里，土豆、萝卜、豆角、番茄炒鸡蛋什么的，都有同一种味道，以至于跟她学做饭的老二后来做出的菜也是同一种味道。每天早晨八点半左右，都会在朦胧中听到老大推开我的房门，拿走我的玻璃大饭盒，装好满满一饭盒菜和米饭，再开着饭盒盖送进来，放在我的写字台上，巨大的、统一的菜香味儿此刻飘在我房间里，让我再也睡不踏实地想起来吃两口。等我磨蹭半天起来差不多晾凉了，可以吃两口再带走，也可以直接盖上饭盒盖带走。每天中午，我都会在办公室吃掉老大给带的满满一盒饭菜。同事一直以为我家人在身边照顾我，但每次听说是室友做的饭，大家总是惊讶得不得了。

除了做饭，她们也从不让我做家务。现在回忆起来，跟老大老二一起合租的两年多时间里，是我毕业后最忙的时间，每天昏天暗地的，夜里两三点还在工作。这期间，我似乎不记得倒过一次垃圾，拖过一次地，每次她们都以我太忙、晚上还要写作太辛苦为由帮我顺手干完。我晾在阳台上的衣服，也每次都是她们来收。我过意不去，想要多交点钱，但总被以公平为理由拒绝。其实我比她们工作早一年，工资高一些，我愿意多付一些钱，想以此回报她们的劳动。但我也知道，钱并不是她们对我好不好的理由，可我不知道还能用什么方法来表示一下，尽管还是被拒绝。

后来，我们渐渐分开了，各自有了新的家，生活在这个大大的城市的三个不同的角落。但总在不经意的某个时刻，我们还是会去老大家吃她刚研发出来可其实还是那个味儿的各种饭。每次，老大都等着老二，然后一起接上我，慢慢回家，慢慢做饭，三个人像以前一样，围在一个小桌子上闷头吃上一大碗，临走老大还恨不得给打包一份带走。老大买房以后，我说我还想吃你上次做的那个乱七八糟的面啊，老大毫不犹豫地说："赶紧来，我家厨房的处女用给你了。"

有时候你觉得自己一个人生活在远方，心里冷得要命；有时候你拼命想找个男朋友，以为那样就有了全世界的温暖；有时候你孤独寂寞得想哭，总觉得自己没有依靠。但有些很小的细节，蕴藏着点点滴滴的温情，其实就弥漫在你的身边。这种温暖很微小，微小到你如果不写下来就真的会忘记。

相对于小小的你我来讲，每个城市都很大，大到像洪荒宇宙，你与一个人分开，就可能永远不相见；每个城市也都很小，小到只要你诚心相待，破房子也是温暖的家。城市里的每一个孤独的灵魂，可能孤寂、可能寒冷、可能不安、可能哭泣，但总有那么一刻，你会在自己的生活里找到一丝温暖，包围着你，裹挟着你，慢慢长大。

我们都以为，有一天成功了一定会幸福；有一天我有了大 house，有了豪华家私和太空棉被就再也不会冷。可无数前辈在回顾往事时的泪光告诉我们，**所有关于青春里的奋斗故事，都离不开艰苦的环境，捉襟见肘的窘迫，但那些回忆起来能让你的皱纹都舒展开来的人和事，才是你绵长的生命时光里，最温暖幸福的人和事**。我是幸运的，遇到她们，遇到你们，所有人。

当你的才华还撑不起你的梦想时

总有一些人，改变了你的整个生命

很多人说我有个性，有勇气，有胆量，可回想起来，小时候我不是这样的小孩。我很乖，很听话，也不怎么淘气和出格。可有两个人，两段时光，就好像在我生命中悄悄潜伏着，让我长大后变成了另外的样子。

第一个人，是我初中时候的女校长。我初中的学校，是一所很特别的新学校，招生简章上的描绘，当时只是一个白白胖胖的中年女校长的伟大构想。那是一所师范大学的附中，刚刚成立，刚开始招生。附中的教学楼是国家一级保护单位，100多年历史，古色古香，充满了民国气息。附中的校长是大学的女校长，附中的副课老师是大学各科系的教授，附中所用的电脑房和实验室都是大学的，附中的操场和食堂也是大学的。女校长发誓，要在三年内将新学校建成全市一流的初中。可发誓有什么用？哪个家长会把自己孩子的命运交给一个女校长的誓言？况且很多人都认为校长的构想都是瞎掰，大学怎么能跟初中在一起，而且还让初中的孩子混在大学环境里上课？于是，女校长奔波走访了附近片区的小学，想办法拿到优质学生的名单，挨个想办法找家长集体宣讲。当校长看到我得过的所有荣誉证书，信誓旦旦地告诉我妈要定了我时，我那标新立异的爸妈就想办法让学校删掉了名单中原来准备去的最好的学校，转而走进了这所还在构想中的校门。

三年的初中时光，就在这所古色古香的教学楼里度过，楼道里铺着红地毯，剧组常常来借景拍戏。语数外聘请全市最好的老师，政史地都是大学教授，高级漂亮的大学机房，高科技的大学实验室，高大上的图书馆和自习室构成了我对初中的全部回忆。我总记得那个100多年历史的教学楼，哥特式的建筑中，总有些狭窄的暗道，只容一个人通过的楼梯间，神秘的三楼永远锁着门，楼顶的国旗不知道是什么人升上去的、而我们天天跟大学生混在一起。那时候评价一个学校好不好，要看毕业生的成绩，而我的学校别说成功案例，连一届毕业生都没有。我们的每一天都践行着女校长的伟大构想，可全市的家长和学校都在等着看我们三年后的笑话。

三年后，我们虽然只有部分人成绩不错，但并没有像奇迹一样一炮而红、连锅端掉重点初中，但这又怎么样？校长不死心地坚持自己的构想。等三年后我再回去，学校已经变成了全市著名的难进学校。再过几年，听闻学校连年出中考状元，高中部也开始成立了。我曾在客户公司见到一个漂亮的女实习生，据说是个状元，随便聊了两句，竟然发现我们在同一个学校，而她居然是那年的状元。那一刻，我真的有点惊呆了。这才几年，我脑子里仿佛都是那个胖校长的声音和她宣讲时的手势。

第二个人是我大学时候的校长。每当我跟别人提起他，总是让人捧腹大笑又目瞪口呆。我的大学那时候只是个师范学院升级的大学。不知道从哪里来的敢为天下先的校长，划了片地，盖上了豪华的新校区。我入校的时候，招生简章上的小河还是土沟，小桥还是砖头，到处都是大兴土木的景象。这位校长也有着伟大构想，但可能是不知道从何做起，于是跑到国外常青藤盟校参观访问学习，学习归来开始进行改革，比如大学宿舍不分男女，男生一层女生一层交叉着来；比如与国内名校联手，把自己学校的优秀学生在大三输送出去等等，我就是那个时候被送到了北大。校长很有想法，想法还特别奇特，一会儿一个层出不穷。这期间，也发生了很多失败的事情，比如男女生宿舍乱套了，没办法，第二年又让男女生分楼住；比如去名校读书的学生去了名校老不及格，回来毕不了业等等。我不知道那些年校长是不是很头疼，但我觉得好带劲。我没见过校长，但总觉得他一定是一个常常抓耳挠腮但愈挫愈勇的人，因为学校太大，他想法太多，有成功的，更有失败的。他像一个永动机，出去学习参观，回来大肆改革，成功了继续发扬，失败了想办法改进，总之像一个打不死的小强。

我之前写了一本书，里面有一章节是大学时候的故事，于是寄给校长一本，想感谢他当年的不停歇的伟大实验，让我成为了今天的我。校长请我回学校分享毕业心得，当我回去的时候，发现学校已经焕然一新，部分专业从二本B类升到了一本B类，增加了很多优秀的老师，新一届的领导班子也更富有活力和想法。几乎所有的人，我都不认识了，但我记得校长，记得那个想象里抓耳挠腮、天天折腾的校长，记得那个带我遛狗时跟我说"谢谢你回来，学校对不起你，如果我们再努力一点，你就不用吃那么多苦了"的校长。

其实，我在学校也从来不是多好的学生，这两所学校里也根本没有我的什么成绩载入史册。我就是那么平凡众生当中的一个，不好不坏不出挑的那一个。但我总记得他们，记得他们的勇敢，记得他们在四五十岁时的眼睛，记得他们描绘自己伟大构想时候的声音和拳头。我总觉得，他们就像两个定时炸弹，在不同的时间埋在我心里，耐心地等着我长大和理解，有一天，在我心里爆破，让我成为了一个坚强而敢于去梦想的人。

这个世界，总有一些人，肩负着压力和众人的期待，走在自己特立独行的梦想中。也许他们不会很快成功，也许他们一辈子都实现不了自己的构想，而且他们还可能招人讨厌招人烦，招人奚落招人笑。但他们足够勇敢，相信自己，在并不青春的年纪里依然做着一个巨大的梦。也许，没人在最开始相信他们的誓言，没人在过程中百分之百愿意配合他们的鼓舞，倒是有很多人站在不远和远远的地方冷眼旁观，等着看笑话，等着有一天对你冷嘲热讽。但是没关系，他们相信自己，相信自己心中的梦想，说出的誓言。

他们的坚持与特立独行，总会影响一些人，可能不会马上看到效果，也不会马上就有人一呼百应。但他们就好像奇特的种子，埋在每一个在他们身边的人的心里，比如还是孩子的我，比如长大后的你。他们在不经意间，改变了周围人的命运，也改变了自己的人生。我们的心里，有他们的桀骜不驯、敢为第一人的影子。这些看起来不经意间埋在我们心中的小草，有一天长成大树，便成就了你我今天的样子。

　　每当想起他们，我便欣欣然接受现在这个让很多人爱也让很多人讨厌的真实勇敢的自己。

你见过的并不是真实的世界

朋友老高昨晚跟我说："我太忙了，白天要忙饭店里的事儿，晚上要发货什么的，我回家就一件事——洗澡睡觉，压力太大了。"

在我印象里，老高就是高中时候那个只会咧着嘴笑，不好好学习、家境还特别优越的幸运女孩，特别爱购物，出门就花钱，看见好的东西就往家里搬，都不带眨眼的。我们头对头睡过了整个高中，我想不明白，老高那么好的家境，且美貌与妖娆于一体，干吗要让自己过得这么辛苦？

老高说："我长这么大了，不能再花爸妈的钱了，他们给我我也不能花了，我得靠自己。"

所以，当老高努力赚钱，爹妈买房子时她想孝敬一下给点钱，但发现给爹妈的钱还买不了一个车库的时候，老高突然明白了生活的艰辛，也理解了父母多年给自己优越生活背后的从没说过的辛苦。从那时起，老高变了，卖力地赚钱，甚至不惜把自己搞到焦头烂额。她总跟我说："赚钱，没那么容易，没吃过那份苦，就总觉得全世界都对自己不好，什么都应该很容易。"

此前 30 周产检时，医生翻我病历无意间看到体重记录，从孕前到现在将近 8 个月，只长了 6 斤，小孩健康标准，符合实际孕周的大小，我也行动自如，没有出现任何怀孕晚期的类似水肿啊腰痛啊的各种症状，也没有妊娠纹。医生问我是不是做了什么，我想了想，其实并没有特别的控制，只是各方面比较注意。虽然我很窃喜，但还是很想知道是不是偶然，于是回来去找孕前的健身教练。教练笑着说："你是不是都忘了，你孕前健身的几个月，每周三次那么高的强度是白练的吗？反复练习腹部肌肉，消脂的同时让你的腹部肌肉有弹性；扛杠铃从 5kg 加到 30kg，练腰肌背肌让你孕期不会因为孩子压迫而腰疼，整个健身过程你的肥肉都变成了肌肉，新陈代谢速度快，吃得越健康身材就会越好，都是脂肪才可能长得快又胖啊。"

说实话，没有哪个女孩不怕变胖，而怀孕变胖就好像是一场明知道会输的战争，但还必须要打过去。即使知道产后喂奶或者减肥能瘦下来，但谁也不愿意在镜子面前看到自己十个月一斤一斤上升体重的变化。在还没有怀孕的时候，我在健身房里见过很多很胖的姑娘，她们可能并不都是因为怀孕而变胖的，但每个人都好辛苦好辛苦地去练。我记得有一个很胖的姑娘，就是那种特别的虚胖，走两步感觉全身肌肉都在颤动的胖，每天都待在健身房里，她的教练在旁边有时候都有点想放弃她，但这姑娘自己一直在坚持。我不知道后来的她怎样了，我只记得，如果我那么胖，我估计都没有勇气进健身房，没勇气让别人看到我一身颤动的肉。如果说那时候的我，拼命练习是因为交了很贵的教练费而迫不得已，但现在回想起来，我总觉得是自己潜意识里明白早起有多难，练得有多累，想要的也绝不是瘦回一身松肉那么简单，因此脑子里条件反射般地自动抗拒周围人说的"怀孕随便吃啦，宝宝最重要"之类的话。正是因为教练带我流过最疯狂的汗水，扛过30kg的杠铃，累到躺在地上拽也拽不起来，就再也不会随随便便用任何理由去放纵自己。

很多人问我："你怀孕都吃什么？有食谱吗？你是不是不吃主食？怀孕还锻炼吗？"其实我想说，我怀孕之前的健身真的好辛苦，才把吃点就胖的脂肪体质变成了肌肉体质。

很多人跟我说："我朋友／我姐姐／我本人怀孕胖了40斤，产后喂奶辛苦什么的，结果比怀孕前还瘦，根本不用控制，哪里用那么辛苦？"我信，但这不是我。我不能保证我胖40斤的话，产后能瘦4斤还是40斤，我只能去信我自己看得见的变化和努力。

很多人问老高："老高你真有钱，开饭店赚钱吧，代购肯定很赚钱吧！"可谁见过老高早起去饭店，半夜在家自己装箱打包再自己运到邮局一个个写快递单的辛苦？

很多人问老高："老高简直就是女神身材啊，那么瘦，吃那么多都不胖啊。"可老高大学也是大象腿肉饼脸，女神身材是活活累瘦的。老高天天经营饭店，还要去商场买货打包发货一天出门好几趟，吃多少没倒贴着消化就不错了。而且，她还每晚跑步锻炼。

没吃过苦，就总觉得全世界都对自己不好，总觉得是自己命不好。别人成功都因为有爹妈，有关系，有钱，有老公，有富婆，就你最惨，自动屏蔽别人付出的辛苦，只看到别人的光鲜。当然，也有一些人，吃过一些小苦，就觉得自己苦得不行，别人都不能比自己强，比自己强的就一定是因为有爹妈，有关系，有钱，有老公，有富婆。

很多时候，你见过的并不是真实的世界，真实的世界辛苦得让你睁不开眼。

生活到处是圈子

读过一本书，里面讲的是女主人公刘文静的故事。在读这本书的时候，我一直在想我小时候的一件事。

在小学四年级的时候，由于户口问题，我从一个厂矿学校转学到了市属公立的一所小学。那时候恰逢四年级，小学英语课开始的一年，而我所转入的学校在三年级便开设了英语。也就是说，当我转学过去的时候，我和新同学的差距是整整一年——两本书。虽然我早已在校外辅导班里学过很多，差距一年对我来讲并不是要命的事情，但当老师在课堂上问我原来学到了哪里的时候，我依然被同学们耻笑了。

后来，我通过自学和老师补课，很快追上了英语课的进度，加上其他科目成绩都优于同学很多，甚至连运动会都到处拿第一，我很快被升任为新班长。天知道，原来的班长从一年级做到四年级，由于我的到来，大队长变成了小队长，班长变得什么都不是了，全班同学都团结在原来班长的周围，我成了名义上的班长，一个被高度孤立的班长，一个一出问题，所有同学都说"我们班没有班长"的班长。

现在想起来，总觉得"班长多大官儿啊，至于吗"，但在小学那个认知的年代，班长就是个天大的事情了，用现在的话来讲，就是空降不得志。为了和新同学交朋友，我甚至改变了自己说话的方式。比如以前我对同楼小朋友的称呼是"我们楼的×××"，而新同学习惯称为"我们院儿的×××"。我不知道这个"院儿"的概念从哪里来的，但就是这样学他们说话，希望能跟他们一样，让他们接受我。我知道因为我，大队长变小队长，四年的班长成了普通学生特别不好受，但这是老师的安排，年幼的我也没什么办法。我只能尽我的努力去讨好他们，希望自己能得到新同学的信任。

可遗憾的是，直到小学毕业，我依然没能进入他们的圈子。

如果说刘文静的故事是一个极端的"圈层"的故事，那我的小故事也体现了圈层，只不过是一个从郊区到城区的圈层，并没有刘文静那种从大山里到大上海那么大差距。但我们的故事，都直指一个方向：**如果你想要进入比你高的圈子，除了要付出极大的努力，还会让你变得现实而工于心计**。而我，也承认，自己是一个有心机的人，从小小年纪开始。

事实上，故事里的刘文静，在从穷山沟变成白富美的过程中，尽管整个人日渐变了，但至少还保留了一些单纯和善良。但现实生活里的刘文静们，可能就没有这么单纯了。不夸张地说，我周围就有几个刘文静，他们除了让我觉得讨厌，甚至让我觉得可怕。如果说我的心机也就停留在"如何少花钱吃个贵的饭"上，那我身边的刘文静们总会让我觉得"她是真的无意还是故意在害人啊"，而每次得到的都是惨烈的答复。

可能我们都觉得刘文静很讨厌，但事实上，生活到处是圈子，我们都是刘文静。刘文静并非是一个人，她代表了我们很多人。不光是环境的改变，还有见识的改变也会形成圈子。比如见过了不怎么努力就能赚大钱的人，就会对自己兢兢业业的赚钱方式产生怀疑；比如见过了只需要讨好高层就能获得人生改变，看不懂生活中并非只有钱能铸造圈子，权力和环境也是一样，你敢说自己面对别人的不劳而获就不心动吗？但你若要进入这样的圈子，付出也一样惨烈。

很久之前和一个老板吃饭，他跟我说："我的部门都是富二代，要么家里有钱，要么老公有钱"。我问他为什么，这是一种什么招聘嗜好，有钱人不是都很娇吗？为什么不愿意要普通的但努力的孩子？他跟我说的话我到现在倒是有些通透的理解了。他说："家里有钱还肯出来努力做事的孩子，更多的是为了做事本身。他们单纯、努力、简单，会让整个团队都简单，气氛很好，没有太多的尔虞我诈。但如果都是经过很努力奋斗上来的人在一起，情况就不那么简单了。每个人都有强烈的往上爬的欲望，明争暗斗与尔虞我诈，让人每天都头皮发麻。我不是没有招过这样的人，但每一个都鸡飞狗跳得厉害。"你看，也许你觉得这是混蛋逻辑，但仔细想想，又真实得可怕。

事实上，圈层问题并非只有成人世界里才有。有段时间我一直在上儿童心理发展的研究生课程，曾和同学们讨论起"学霸"的话题，我们都一致认为如果孩子不是学霸的材料，那就好好待在自己的圈子里，无论是中上等学生，还是学渣，在自己的圈子里努力做到最好就好了，不要去争抢学霸的圈子。学霸是个神奇的圈子，好多人源于天赋，而非极端的努力。在面对与生俱来的优势的时候，逼迫自己并非天赋异禀的孩子走进神坛，不仅让孩子痛苦，家长也同样累到心碎。是哪个圈子，在哪个圈子里做最大努力就好。跨越圈子，不仅仅需要非凡的努力，更需要一个超凡的心态。

　　可能这样的观点让人觉得失望，甚至是负能量。但这是来自人性本身的弱点，我们每个人都有，并非只有刘文静们。只是我们没有面对过山村和大上海的落差，所以这种弱点并没有被激发出来，也许换一个环境，或者换一批同事，就能被赤裸裸地炸出来。

　　刘文静这本书的宣传语很励志、很正能量，让人看到了从普通人到人上人的故事梗概，但很遗憾，我看到了自己的小时候，那些从未忘记的小事情。这些小事情时刻提醒我，生活到处是圈子，我们都是那个可怜又可恨的刘文静。

再不联系，我们又会变成陌生人

刚换现在所用的这个手机的时候，所有的 App 和通讯录都要重新安装和输入。我有清东西的习惯，安装好之后，随手翻翻手机和微信通讯录，却总觉得每个人都跟自己有点过往，有点故事，哪怕是曾经有一个微笑，都会成为自己舍不得删除的理由。总觉得可能什么时候还会再联系，但其实日常联系的人也就那么几个，大部分人，都静默地躺在通讯录里，可能三五年都不会发一个短信，打一个电话。我们再不联系，是不是又会变成陌生人？

刚毕业的时候，我在网络上写文字，那时候很多人来找我，我也很热心地回复很多人。我记得我第一次去上海的时候，分批见了好多网友，几乎每小时一拨。每一批网友都从上海的四面八方赶来，每一批网友都认为应该带我去吃小杨生煎包。所以，我一天吃了七八顿小杨生煎，直到现在我看见生煎包就想摇头。晚上的时候，网友们带我去外滩，我们在雕塑旁边拍了很多照片。偶尔从硬盘里翻出来那些照片，总会想起那个夜晚，我们在22岁的年纪里，一群陌生的女孩子，因为网络相聚在外滩，一起跑来跑去，吃喝玩乐的样子。在翻通讯录的时候，我看到了她们几个的联系方式，但我也突然意识到，离开了上海，我们再也没有联系过。那些人，她们在哪里，她们在干什么，她们还好吗？

之后有一个名叫 Lily 的女生给我发微博私信，我马上认出她来，就是我在上海时候一起在城隍庙吃生煎包的那个短头发女生。我给她发了一条短信，她回复我说："赵星，真高兴你还记得我。虽然我们没有联系，但我还会经常看你的微博和博客。现在我已经结婚也有了宝宝，看到你过得也很好。希望有机会再来上海，我们再相见。"现在的我，可以不需要等特价机票飞上海，但我们却再也没有相见过。如果不是看见这个时间的提醒，我们是不是就会变成两个城市里飘荡着的陌生人？

在物欲横流又匆匆忙忙的生活里，通讯录里的人很多，但常联系的就那么几个，其他的安静地躺在 list 里面。每一天我们都会新认识很多人，但只有几个人会暂时停留在生活中，其他的都会在匆匆招呼后擦身离别。我们还是否记得彼此是如何认识又曾有过怎样的故事？其实我们和每个认识的人都有不同的故事，只是我们都只是在生命中相遇，然后分开，然后就变成了通讯录里的一个名字，再过几年，通讯录的名字都删掉了。我们就这样消失在彼此的世界里，也许，一辈子都不会再相见。

可有的时候，并不是我们不想联系，而是彼此会慢慢走远。我记得曾经有一个网友叫小清，她不在北京的时候，我们几乎天天热络地在网上聊天，鼓励彼此的生活，仿佛一对相识恨晚的好姐妹。但当她跑来北京开始工作生活后，我们在一个城市，却很少再见面。可能是因为彼此离得近了，也看到了更多彼此各异的思想与生活方式，我们渐行渐远，远到吃一顿饭都要很努力才能找到交流的语言。我已想不起我们在网络上最初认识的原因，聊天的画面，我只记得最后一顿火锅，奔腾的热气摇曳在我们中间，我们却看不清对方的脸。

　　虽然，我们可能并不需要记得每一个人，每一个故事，但我们要记得，通讯录里的每一个人，我们都曾是彼此生命里的欢乐。而我们之间，无论是匆匆而过还是驻足陪伴，都是生命中美丽的蝴蝶，一点一点编织起生命中每一个瞬间的回忆。如果你还记得，如果你还思念，如果你还能想起什么故事，那就请拿起你的手机，在这个寒冷的冬天，说一声 Hello，让渐行渐远的他们再回到你身边。

和这样的女孩当闺蜜

我第一次认识小令的时候是在几年前，那时候的我和她，在同一家出版社同一个时间段出书，一来二去就认识了。那时候的我觉得，这么一个游走四方、放弃哈佛剑桥录取通知书去创业、最高纪录一天赚10万人民币的姑娘，哼哼，有什么了不起的，长这么漂亮，肯定不是亲爹有能耐，就是背后有干爹，否则一个大学生，还是个看上去很柔弱的女孩子，怎么会有这么大的能耐？就算是自己的本事，这种女孩，绝对是个叨叨的女强人类型，绝对不能做朋友！我就是这么一个小肚鸡肠加嫉妒心强的女生。那个时候我真是这么想的，所以很长一段时间都只是认识，而不是熟悉。

后来我忘记到底是怎么熟悉起来的，并且能够熟悉到夜夜发短信，素未谋面好几年，还能聊得掏心掏肺。我也忘记我是怎么不嫉妒她了，忘记是如何忘了她是白富美了，也忘了我是个记仇的天蝎座了。

我们第一次见面，是她拿了天使投资，跑来北京看我和我儿子的时候。一袭红色的大裙子，衬托着娇艳欲滴的她，手里捧着一堆瓜果梨桃，那是我们的第一次见面，彼此没有什么拘束，也没有太多初次见面的激动和尴尬，好像邻居在串门儿一样。期间，她抱着我儿子，接了人生第一个确认风投的电话，挂了电话，又转身抱着我儿子满屋子跑着玩。我在背后看着她的身影，心里生出一股强大的感动，为这个单纯的、努力的、单打独斗在商业世界里的亲爱的女孩，究竟，你是怎样美好的一个人？

　　其实，今天的我依然不知道，小令是如何在大学就能创业还能赚得满盆金箔，如何在人生最高潮的时候放弃第一个公司转入时装定制行业，又是如何在第三次创业中，半年开起了三家沙拉店。我只见过她为了创办沙拉店每时每刻的努力，今天奔波好几个城市选地址，明天精打细算地定家具，后天自己徒手上阵钉钉子装修，大后天与商场的霸王条款进行斗争，斗争不过一个人坐在路边哭。当我自己坐在空调房中听着音乐，喝着咖啡，吃着小龙虾和烧烤，同朋友聊着小天的时候，小令在同一个平行的时段内，经历着与我天差地别的生活。她不仅没有干爹，还帮家里还了好几年的外债。她不仅没有家人帮忙，连能帮得上忙的朋友也很少（主要是她野心太大，我们跟不上）。这样一个姑娘，当她能一个人半年开起三家店，她赚得比我多得多，过上了比我更好的生活的时候，我有什么心理不平衡的呢？

　　这篇文章，其实是作为小令新书《拼了命，尽了兴》的开篇序而写的，这本应该是一篇很励志的文章，充满了对她奋斗史的赞赏与宣扬。

但真的写出来的时候，我脑子里出现的却是那么一个温婉可人的女孩，根本让我写不出斗志昂扬的话来。我脑子里浮现出很多时光里的小令，那个为了帮家里分忧每天奔波打四份工只吃学校食堂八毛钱南瓜和两毛钱米粉的小令，那个为出国起早摸黑逼着英语无比垃圾的自己考到GMAT760分的小令，那个为想去自己想去的地方没日没夜努力赚钱到经济独立的小令，那个被人骗得倾家荡产又擦干眼泪东山再起的小令。

或许，在很多人眼里，小令是白富美，北大港大双硕，哈佛剑桥录取生，好身材，游历世界，有钱，怎么吃都不会胖，创业日进斗金，一帆风顺。但在我眼里，她始终是那个半夜三点才忙完，蹲在路边哭，帮家里还债，拼命往前跑，自己赚钱自己花，单纯善良得有点傻，半夜给我发短信聊天的女孩。

在写这篇文章的时候，和正在刚刚翻开这本书的你一样，我也没看过这本书，但我想写下我心里的小令，不为勾起你无限的好奇心，只为告诉你，**在这个迷幻而功利的世界里，别抱怨什么富二代挡住了你前进的路，只要你疯狂地努力，每一个普通人，都可以成为一个传奇。**以及，成为传奇后，别骄傲，别得意，不忘初心，别忘了最初的自己。

最后，我说一个八卦。小令在开沙拉店之前，给了我一张VIP皇家黑金白吃白喝一辈子卡，在明知我在北京住的前提下，把三家店开到了上海。

孤独，也可以画一个温暖的圆

以前有段时间看了很多孤独题材的文字，但回想自己，好像想不到什么自己有过的孤独。反过来仔细想想，我想不到，是因为自己本身就是个孤僻的人，喜欢孤独，喜欢一个人，喜欢不被人打扰的生活吧。我记得小时候我是个热情开朗的小女孩，到底从什么时候开始，我变成了另一个人？

可能，是从大学第一天开始的吧。

和很多人一样，最开始上大学的我，总觉得自己的实力不应该考到一个小城市的二本学校，最起码也应该是个省会城市的大学吧。离家千里之外，饮食气候环境的不习惯，让我从下火车的瞬间就不想说话。加上最开始的晚到和转系，让我的宿舍安排和同班同学并没有在一起，而在远远的地方。当大家都相互自我介绍成为一个班集体的时候，我像一个插班生一样悄悄地坐进去。或许，这就是孤僻的起点，一个矫情的起点。

　　有人说，真正的孤独不是没人陪伴你做什么，而是你站在高山上呼喊，但没人回应你。我迫不及待地想要离开这里，作为学生唯一的办法，就是好好学习，将来走出去离开这里。大学里所谓的好好学习，我理解成好好学英语。于是开学第 15 天的时候，我报了一个社会上的四级考试培训班，每周末都要去上课。东北十月开始的每个周末早晨 6 点，一个人在黑暗中悄悄起床，背着书包去校门口吃早餐，再坐公交车去很远的培训学校上课。黑暗又寒冷的天气，让车窗玻璃上的雾气变成了冰，以至于我很久都不知道窗外是怎样的。车上基本上就是我和司机，抱着书包，广播的报站声就是唯一能听到的声音。上课从早 8 点半到下午 6 点，周围都是上大三大四的和研究生，我也不敢跟别人讲话，一个劲儿地记笔记。在一张四级卷子都不知道什么结构、单词都没背过的时候，听得云山雾罩，但也要拼命往脑子里灌。中午一个人出去吃饭，晚上一个人再坐公交车回来。后来接了家教课，晚上改成了去学生家里上课，晚上 10 点学生的家长开车把我送回远在郊区大山底下还在施工的黑漆漆的校门口。走回宿舍，洗漱，关灯，睡觉。

　　那时候 MP3 刚上市，我有一个，但市面上没什么音乐，只有《两只蝴蝶》、《老鼠爱大米》之类的口水歌。英语听恶心了的时候，就去听口水歌，以至于现在每次听见这两首歌，身体都要打颤，想起那些暗黑的夜和独自走过的路边。在一个 95% 都是本省人的学校里，在一个人人都在讨论找对象、逛商场、出去玩、学化妆的大一环境里，我显得那么的孤僻、冷傲、不合群。可人总会这样，开始孤独，就会越来越孤独，开始没人理你，就会有越来越多的人不理你。不是你在享受孤独，而是孤独在靠近你。当我第一个过了六级的时候，英语老师生气地在教室里说"赵星的六级都比你们的四级高100多分"的时候，我知道，我彻底地孤独了。

后来的日子，无论是之后每天5点早起和外教学英语，还是一个人去北京考国际考试，再或者代表学校参加任何比赛，我都是一个人买票坐车，到没人认识的城市里，结束之后再一个人回到学校。我的整个大学，也和这段日子一样。从大三转学去做交流生开始，我便和大学同学远远地分开，走进另一片更没人认识，甚至遭受两年轻视与孤独的生活。我看过很多电视和小说，说大学毕业的时候同学们在一起抱头痛哭，难舍难分，但我没有，因为没有人跟我相熟。我只是像一个棋子，参加一个晚餐会，我的作用，仅仅是让一个班的人数凑齐。即便我想抱头痛哭，估计都不知道找谁，也大概不会有人来找我。

有人问我："你的大学这么孤独，没什么好朋友，不觉得遗憾吗？"对于孤独的人来讲，没什么遗憾不遗憾的。我向来是个知足的人，我要实现自己走出去的目标，就必须要放弃一些东西，比如融洽的同学关系，坚韧如铁的大学友谊……我始终相信，上帝不会让你什么都有的，如果你都有了，那就该出事了。

毕业之后我直接上班了，但骨子里却彻底成为了一个喜欢孤独的人，或者说我再也无法让自己热情似火起来。孤独就像一场永不解冻的冰，冻在南极和北极，不遇见大规模的全球变暖，便不会消融开来。

上班一个人做事，一个人回家，也喜欢一个人吃饭，或者只跟一个人吃饭。我害怕很多人一起，参与不了集体活动，在人多的时候我总会觉得不知所措，不知道说什么聊什么，不知道如何跟大家热络起来。小时候的那个我消失殆尽，或许，人在经历了一些事情以后，都会变成另一个自己都不认识的自己。

朋友开公司招新人，其中一个条件是要没吃过什么苦的富二代。我问他为什么，他说因为看见我，便知道吃过苦的普通孩子，内心都会被捶打得冷僻一些，再加上刚开始上班工资都不高，如果家底不好，这个人很可能像我当年一样，不跟大家在一起吃饭玩耍。他希望大家是一个整体，任何一个人都不要落单。有些事，钱可以解决，但性格是钱解决不了的。

原来，喜欢孤独，真的是一种病。可即便是一种病，也有它美好的一面，比如遇见另一个孤单的灵魂，并可以拥有只圈在两个人中间的温暖，像一座手炉，暖气从不外泄。比如我和 G 先生。表面上我们都是独立、骄傲的人，但骨子里却都是孤独的人。没事的时候，都只宅在家里度日，绝不会出门。几部电影，几本书，一壶热茶，可以度过整整一天。我们的房子隔小区内一条马路而毗邻相望，我们刚在一起的时候，偶尔抬头，就可以看到对方的窗户，无论是白天还是夜里，他开了灯，我拉开了窗帘，都可以成为一种惺惺相惜的暗号，慰藉着彼此的心灵，在这偌大又高冷的城市里，两点一线之间，也可以画一个温暖的圆。

努力让自己的选择变得正确

有次收拾东西时，从柜子里掉出来一摞汇款单。汇款单用曲别针别着一共有一百多张，最上面的一张用钢笔写着"这就是成长啊"，下面签着我和一个叫 Lily 的女孩的名字。我坐在地上，翻着每一张汇款单，一页页地看。那是我大三第一次正式实习，和一个叫 lily 的实习生一组。我们从来没有填写过汇款单，里面的很多要求我们不知道，比如数字的汉字要大写，每个字之间不能有空隙等，越是严格就越是紧张，然后我们写一个错一个，写了 100 多张才写好那么几个人。记得当时老板拿着一摞废掉的汇款单跟我们说："保存起来，五年之后再翻出来看看，这就是你们的成长。"

我真的很乖地保存了下来。那份实习我做了六个月，和 Lily 一起，一起中午吃便宜的午餐，一起互帮互助写每一份文案和策划，一起战战兢兢去财务部领 1200 块钱的工资还要看财务的脸色。那时候的我，每天要坐两小时公交车上班，再坐两小时公交车下班，那时候一天的公交费 2 块钱，地铁费要 10 块钱，不舍得坐地铁，只能坐公交车神游三环一大圈。Lily 是外地高校的学生，实习期间住在当时的男友家。男友和父母住在一起，在北京胡同的平房里。她不怎么习惯平房，也不习惯对方的父母，大夏天有时候洗澡都困难，做什么事情都小心翼翼的。相比我的远，她的寄人篱下更让人觉得难受，因此上班时间就是她最开心的时间了。Lily 是个很美的姑娘，大长腿，模特身材，清新的感觉跟江一燕差不多，那时候的我们对未来都没什么明确的打算，她在学 GRE 考托福想去美国读研究生，我在想是留在这家公司转正还是申请一家更好的公司去实习。我清楚地记得，我们都不知道未来，但谁都不迷茫。我们每天都特别开心，傻乐傻乐的，尽管我们穷，我们也土土的，我们干活多时间长还经常被当成劳力去跑腿做杂事，但真的没人抱怨什么。

我们在一起度过了那份实习的所有时间，然后彼此离开。我去了下一家牛 × 轰轰的公司继续实习，她真的考上了美国的研究生。再后来我毕业找到了梦想中的工作，Lily 在美国读完研究生留在纽约工作。

五年后的那天，当我翻出那一摞汇款单的时候，我拍照发给 Lily，她正在银行签贷款合同，在纽约买下自己人生的第一套公寓。她问我要不要代购奶粉什么的，我大笑着问她你能给我买十年吗？是的，五年后的我们，都各自长大，过着让自己感到合适和舒服的生活。我们都是普通的女孩，我们的每一步不是都很成功很完美，我们彼此也没有谁强谁弱，我们都在洪荒宇宙中像一颗粒子一样慢慢前行，即使失败，也是一种成长；即使迷茫，也都是青春的代价。只是，我们都觉得，每走一步，都要对得起自己。

有人问我："我找了个工作，老板给我××××待遇，我觉得不公平。""我刚毕业，月薪就2000元，你说这公司是不是骗子。"亲爱的，我不知道，我不知道你是怎样的，这份工作值不值得你去做，我只能说说我自己。第一份社会实践卖饮料一天30元，拖了半年才付款，其实也就几百块。第一份实习，两个月一共700元，还是500强公司，连纳税的起征点都不够；第一份工作，人见人羡慕的豪华公司，起薪3000元。我不是什么名校，我英语不如母语好，我没有别人那么多见识，没读过很多很多书，常年在学校里，第一次在公司门口吃过桥米线，都觉得好吃得好几年忘不了。我周围也有很多牛人，有的男生毕业就进了高大奢的咨询公司和投行，连父母来北京旅游都可以用公司专车接送；有的女孩还没毕业就创业，一天能赚十几万；有的随便学学就能GRE考高分拿着奖学金去美国。但这些都不是我，他们都只是我身边最亮眼的那些光芒。我抬头看看他们，再看看自己，除了低头努力，真的说不出什么，也抱怨不出什么。抱怨社会不公？还是老板不人道？还是公司欺负我？还是投胎到了没什么钱与权的家庭？我不知道怎么去考虑自己做某个事情值不值得，我只知道以自己的背景和底子，在北京这种名校成堆、牛人成群的地方，想要得到自己梦想中的东西，就要一步步垒宝塔一样去做，一步踩着一步爬上去，才会有人愿意看见我，无论是工作与生活，还是爱情与婚姻。我曾看完一本美国名校学生奋斗的书。主人公像在中国混大学一样混在美国名校里，终有一天被勒令退学。他的导师给了他一个试读的机会，他在此期间奋发图强，做出了令全美国惊艳的成绩。一瞬间，他从一个人人讥笑的失败者变成了一个在大会上全场为之鼓掌的成功人士。所有的荣誉、鲜花，以及美国最美的小妞儿都围绕着他。而他也终于明白，被要求退学的时候，他以为全世界都对他不好，导师在报复他，前女友在恶意踩踏他，可事实上，一切都是自己造成的，是自己的混沌懈怠不学习，让自己掉进了人生的低谷，**这世界从来不会跟你过不去，你得到的任何好与坏，都是自己作的。**

有句话是这么说的："根本没有正确的选择，我们只不过是要努力奋斗，使当初的选择变得正确。"事实上，就是这样。

别把别人的幸运扣自己脑袋上意淫

曾在 Facebook 上看到五年前嫁到欧洲的师姐生了二胎，一个漂亮的小姑娘。师姐依然面容娇美，身材姣好，丈夫帅气有爱地带着大儿子站在一边一起合影。照片下面一堆人留言，不乏有很多很多人酸溜溜地大叹师姐命好。可是师姐真的是命好吗？

我跟师姐接触的时候，我大三，师姐大四，我和师姐一起做一个项目。和师姐一起做项目的时候，是师姐毕业投简历面试的时候。那时候项目忙，我总会收到师姐凌晨三点或者早晨五点的邮件，把我整崩溃了，老觉得自己不够努力。后来我问她："你到底几点睡觉？"师姐说："其实不怎么睡，因为要投简历准备面试什么的，给你的东西都只能半夜写好。"我劝她项目可以交给我们，她放心去面试好了，师姐："大二大三每个学期都在一个国家做交换生，那时候更累都挺过来了，现在这点小事没理由因为一个面试就放弃，再说挺挺就过去了。"是的，师姐大二和大三就在世界各地的学校里做交换生，经常一个国家刚适应就换到了另一个国家，累得喘不过气来。表面上看好像无限风光，周游世界一样的洒脱，但只有师姐一个人知道，孤身一人进入到一个陌生的世界里，每个夜里是多么的焦虑和难熬。虽然学校会负担交换的学费，但生活费依然是要自己出，为了给家里省点钱，还要去拼命打工。

那一年，师姐毕业拿到了 ×× 公司年薪 18W 的 Offer，第一年外派美国培训，公司配车一部及 30W 股票，是当年在华招聘中唯一的女生唯一的本科。后来有一天，师姐的前男友提起这个特别棒的 Offer，她前男友说："她真是太勤奋了，Offer 都拿到了，还是每天早上五点起床读英文背英文，白天去练车，经常练车练得都睡着了。"

我还有一个高中同学，因为上学早，比我们都小两岁。姑娘从小就挺聪慧，家境优越，一直是班里成绩最好的，特别是英语高中就过了四六级。高三那年，姑娘的爸爸因为意外去世，家庭和个人情绪都陷入了低谷。尽管如此，小姑娘还是不负众望考上了重点大学，大学期间一直在外面各种兼职打工讲英语课，之后她又去了美国和加拿大交换和交流。我们联系不多，但偶尔有那么几次，我记得她跟我说："很多人都觉得我兼职赚钱很多，我是赚钱挺多的，但没人知道我在外面代课，一代就是十几个小时，晚上一个人坐夜班公交车回到学校有多累。"毕业后的她在一家外资企业工作，从入职第一天起就轮流在世界各地飞来飞去，全世界只要我们听过的国家她都去过了。有吃有喝有玩还都公款周游世界，毕业没几年就全款买了房子和车，过上了高大上的生活。同学聚会的时候很多人觉得她命好，或者说从小学习就好现在有这些并不能说明她有多成功，只是没什么大意外而已。可是谁知道一个小女孩表面跟你一样开心得嘻嘻哈哈背后经历过的所有故事？

一年后的师姐，回到中国区工作，年薪翻倍，依然周游世界一般地全球轮岗，并在欧洲与一个中国男生结婚，现在儿女双全，过着安定幸福的生活。今天的高中同学，已经是行业里的青年领军人物，最小的年纪，不俗的业绩，她的妈妈也通过自己的努力自强不息，成为女儿的骄傲。她们彼此扶持与鼓励，过着优越而满足的生活。

我经常会写我身边那些激励人的例子，很多人觉得奇怪，为什么他们都环绕在我身边，这些肯定都是我瞎编的。其实他们都不在我身边，我们都只是在生命的某个时间里相遇，然后各自离开走向自己遥远的未来。只是他们的故事恰好让我知道，鼓励着我走向自己的下一段征程。她们可能都是大千世界里的小人物，但在这个看起来不公平的世界里用自己的姿态骄傲而不懈地成长，我经常想起他们，心里有感动，更有自我鞭策。

也有很多人会问我，老说这些鸡汤有什么用啊，一点意义都没有，这世界上还是有很多人一夜暴富，很多人天生二代，很多人吃啥都不胖，很多人毕业就年薪20万，所以努力并不是万能的，很多人不努力一样有好的未来。当然是这样，但这些跟你有关系吗？**如果你生来没有这个命，就别将别人的幸运扣自己脑袋上意淫。否则，世界对你就是不公平，而你也一辈子都命苦。**

　　爱是人世间最甘甜的清霖，它滋养着我们，让我们找到人生与生命的意义。请紧紧抓住你的爱，与朋友、与亲人、与同事。

疼爱你，是我们在一起的最大理由

此时此刻的 G 先生，正在台北出差吃日料，穿着人字拖坐在日料店的冰柜旁边，冷哈哈地嗍着贝壳汤。我在北京的家里喝着一碗浓稠的小米粥听着胎教音乐，孩子在肚子里踢得正欢。记得当年跟 G 先生谈恋爱的时候，总去吃路边的麻辣烫。宽大的顶棚，几十种串，一桶桶麻酱和蒜汁儿。每次我早早吃完，就去帮店主倒麻酱，等着他慢慢吃完。那些年月及后来，我们吃过很多很多地方的饭，无论是昂贵的奢华的，还是简单的便宜的，总忘不掉路边摊冒着热气的麻辣烫，好像温暖的爱情，热腾腾暖洋洋的。

闺蜜总问我："你怎么确定 G 先生就是最爱的那一个，或者说你怎么那么笃定对 G 先生那么爱？"我从来不觉得爱应该多么百转千回，也不觉得应该多么浩浩荡荡，**好的爱情，就是你认真地看他的时候，就知道那就是你要找的人，你心里明白，无论如何艰难险阻，你都不会再因为什么狗屁恶俗的理由而退缩。**

跟 G 先生在一起的时候，是 G 先生人生最低谷最绝望的时候。我记得那个秋风中的雨夜，我在家里裹着棉被听着雨，收到 G 先生一条短短的短信。我不记得具体内容，但我看得到那种绝望和寒冷。G 先生说，他最最绝望的时候，一个人开着车，停在马路边上，看着别人热火朝天地吃烤串，呆呆地一看就是几个小时，都不想回家，那段时间不洗头不洗脸，每天用上班麻醉自己。人生的惨烈与痛苦，原本美好的一切分崩离析，至亲的逼迫与不理解，身边无人倾诉也不敢倾诉。或许，就是那个雨夜，我来到他身边，陪他一起听雨，看着这分崩离析的世界，一点点破镜重圆。这个过程直到今天，也将到永远，没人能知道其中的辛苦，但唯独看得到我们彼此纯粹的心，一点点绽放给对方，毫无遮掩与隐蔽地躲在这城市的一个角落里。

　　半年之后我们领证了。最普通的一天，吃了早饭去领证，十分钟拿了证出来，都没去拍一个纪念照片就回家了。领证于我们，似乎只是一个手续，又似乎我们不在乎所有的手续，尽管我们也曾想过浪漫的婚礼，闪耀的钻戒，美好的蜜月，可每次我们在一起的时候，又会觉得，这些能用钱摆平的事情，似乎是心里最普通最无聊的事情，做给别人看的事情，比起对对方的爱，是那么的不值一提。

　　看多了因为物质而毁掉的爱情，我们的爱情，也曾经历过钱的洗礼。只是，不知道为什么，当他需要钱的时候，我把几十万的存款毫不犹豫地给他；我需要钱的时候，他也倾囊给我，自己欠了好几万的信用卡。我们一起度过彼此最穷的时候，以及一起很穷的时候，两个人没发工资的时候身上一共只有 2000 块。我们在大马路上吃麻辣烫，一起吃一碗泡面，他把鸡蛋留给我，自己去喝汤。虽然我们都知道这一切都只是因为突发事件暂时引发的小危机，很快就能缓解，但回忆起来，总为那时候彼此之间的坦诚和毫无保留而感动。有时候我们都想不明白，在人心叵测的今天，为什么我们能在某个瞬间，就把自己好几年的存款给对方，而绝口不问什么时候还，还毫无保留地掏空自己，对面的这个人，真的就那么值得自己信任？

有一天我看到一篇文章，讲的是情侣间最感动对方的瞬间。我扭头问 G 先生："我有哪个瞬间你觉得特别感动吗？"他说："就是我工作压力大或者受挫的时候，你说'辞职吧，我养你'的时候。"我哑然失笑，其实我从来没觉得这句话有什么感动，我说过那么多酸腐的话，你一句都没记住？但是反过来，当我怀孕之后哪怕有一小点不舒服不开心的时候，G 先生总会说："在家休息吧，我养你。"当然，我们都没有辞职，因为我们谁都不舍得因为自己的任性，而把整个家庭的重任抛给对方一个人。虽然，我们各自单独的收入都能养得起家，但不舍得对方辛苦一点点。

G 先生跟我说的最多的一句话是："有你在我身边，什么事儿我都不害怕。"相比 G 先生的小心谨慎，天秤座的纠结犹豫，我是多么胆大而鲁莽的姑娘啊，动可摔酒瓶子掀翻桌子，静可放着音乐朗读心灵鸡汤。我们性格相反，我们爱好不一，我们好像三观都不太一样，我自私自利只活在自己的圈子里其他爱咋咋地爱谁谁，G 先生博纳百川为了大家开心可以隐忍自己。我心疼着心中有伤的他，他拽着抄着酒瓶子踹人的我，我们在一起，始终疼爱对方。

刚怀孕的时候，我随随便便在家门口的普通医院做早孕检查，G先生看到我自己跑前跑后排队交钱以及态度一般般的医生，执意给我换到了最好的私立医院。整个孕期因为我紧张分兮，总是因为一些小状况紧张地看急诊，每次看完急诊交钱的时候，他知道我这个"葛朗台"那么爱钱，于是总笑呵呵地对哭丧着脸的我说："没关系，别人Shopping去商场，我们Shopping来医院，一样的。"

G先生从我怀孕第一天起就在写日记，偷偷地上密码不让我看，说等我生完孩子给我看，让我在医院病床上哭死。有一次我闹着要看，G先生打开复杂的密码让我瞄了一秒钟就关上了，但我看到了第一篇日记的最后一句话：

"其实我不想让你生孩子，因为我怕你有了孩子就顾不上爱我了。"

其实，G先生是喜欢女孩的，而我从头一直说想要男孩，五个月的时候发现果然是个男孩。其实我并不是那种特别喜欢小孩的人，也不在乎男女，我只是不想让G先生得逞，因为我也怕他因为有了上辈子的小情人而顾不上爱我了。

我们一起走过那么多痛苦艰难的日子，想起未来的一切，都觉得不再艰难。即便有天大的事情，我们相拥在一起，就是最好的面对。你的就是我的，无论是幸福还是困难。

你最珍贵，未来的日子有你才美；疼爱你，是我们在一起的最大理由。

我已经很久没过父亲节了

我很小就离开家住校上学，每逢周末回家，都要陪爸爸看电视。从周六晚上的综艺大观，到周日央视二套的海外影院，爸爸很喜欢看外国电影，我猜想他也一定很想到国外看一看。但那个年月，这些都是奢望。如果外出逛街，我爸从来都带我去商场卖电视的地方，看着各种大屏幕放映着同一个宣传片的画面，相互比较着，品评哪一款电视更好。可是更好有什么用呢？家里只能有一台电视。爸爸一直想象着，什么时候家里换电视，他一定要大显身手。

终于到了搬家换电视的时候，那是他一生中唯一一次能自己选一台电视的机会，为了能陪我看上六一节晚会，急匆匆地带我去买了一台，当时仓库里有两台一模一样的电视机，我爸让我选一个。我闭着眼睛蒙了一个，我爸高兴地买回来，结果买回来三天两头地坏。每次电视坏我都很难受，但他却从来没有怪我。

因为生活并不富裕，因此不能因为电视老坏就索性换一个新的。因此，爸爸继续他的看看看电视爱好，每次看到电视柜台就走不动道儿。我跟爸爸说，等长大了我赚了钱，你想买哪个买哪个，想买多少都可以，一个月换一次都可以！爸爸跟我说："那要有你陪着我看才可以啊，否则买再好的电视都没意思。"那时候我坚信，一定会有这一天的！

后来，那个老坏的电视，跟着我们搬到了另一个房子里，一直凑合着看。爸爸还说，等我上大学了，他和妈妈就搬到大学附近去住，带着这个老坏的电视，因为还要我陪着他看电视呢。

再后来，爸爸去世了。那时候，大家都问我，爸爸生前最喜欢什么啊？我说："电视机。"在我心里，我还要给他买那么那么多电视机呢，这是我答应给他的礼物，他怎么还没等到我送他的时候，就不要了呢？我还没陪他看过新电视里的外国电影呢。

再后来，我知道了有一个节日叫父亲节，但从我知道这个节日到今天——十年，我从来没有过过父亲节。在我有收入能够买买买的时候，我已经没有这个机会了。每年，我都看到很多人给爸爸买礼物，有很多商家在宣传各种适合爸爸的礼物，我的客户每年都开展父亲节促销活动。可事实上，爸爸们需要的真是礼物吗？我总想起爸爸说的那句话："那要有你陪着我看才可以啊，否则买再好的电视都没意思。"其实，再好的礼物，都比不过能真心陪在爸爸身边一整天。

作为儿女，我们总是觉得，忙碌地赚钱，给爸妈买好东西，从国外买，买贵的，买好的，他们就一定会高兴起来。可事实上，那些东西在父母心里根本不重要。每次我从哪里哪里买到多么牛×的东西给我妈，她也总是抬眼看看就放在一边，在她心里，我能陪伴她一整天说说话，比从国外买个超赞的洗衣液重要得多。难得的不是外国货，而是我在家的时间。

又是一年父亲节，在大城市忙碌奔波的你，可以回家陪陪最爱你的爸爸吗？**即使你什么都不带，即使你回去还白吃了一顿好吃的饭，你的陪伴，就是对爸爸最长情的爱。**

如果你既想要单身的便捷，又想要两个人的温暖

　　一个朋友跟老公闹别扭，原因是她总觉得老公不够爱她，不能如她的意，婚姻生活总是没有想象中那么自由美好。她给我打了很长时间的电话，后来我突然发现，这其实就是我之前的问题，大概也是很多女孩的问题吧。

　　刚结婚的时候，我还不太明白结婚的意义，以为结婚就是两个人搬到一起住，所有的行为方式思维方式都还和原来一样。准确地说，跟在父母家里一样，总觉得随手扔东西，后面一定会有人跟着收拾；吃完饭碗一推，就会有人洗；所有的时间我想干吗就干吗，每天吃什么我说了算，就算没做只要我开口就能马上吃到。如果老公没有这么对我，那就是对我不够好，不够体贴关怀，不够温暖可亲。因此，大部分时间里，自己有事的时候就宅在家里，一宅好多个周末，完全不顾老公是不是想在周末出门吃顿饭，只让他在家里一天天地陪着我；

吃饭永远吃我喜欢的餐馆，从来不问作为一个南方人的他是否喜欢土豆炒豆角这种东西。每次看电影，都要看我喜欢的类型，老公只能窝在家里看他喜欢的碟片。每次出现不高兴，我总会觉得我对你挺好的啊，为什么你不能理解我，我明明不爱吃那些东西，我明明有事不能出门，为什么你不能迁就我？我觉得不自由，不开心，感觉每天都过得不舒服。

有一天，我仔细地回顾了一下曾经在我身边的男生们。谈恋爱的时候，他们都那么迁就我，以我的喜好要求为第一要务，但我根本没付出过什么爱。那些从我身边走过的男生，我都不知道他们的生日，不知道他们的喜好，甚至连一道爱吃的菜，一个他们喜欢的餐馆都说不出来。我记得有一个男生，那时候他每月的学校补助是 800 块，但可以全都花在我身上，我想吃 70 块钱的肯德基全家桶他就毫不犹豫去买来给我吃，但是我却天天在玩游戏要吃这个要玩那个，从来没问问他喜欢吃什么，他平时都做什么。真的，我一点都没问过，也不记得。都说爱是付出，但在我那些一段段的关系里，都是他们在付出，我在享受，我在索取，我在一点点吸干他们身上爱的能量和动力。我以为我也在付出，可是我究竟付出了什么？我完全不知道，也想不出来一点点。

当我想明白这一切之后，我骤然发现，**一直付出不求索取的永远是小男孩的恋爱，当两个人走进成熟的婚姻里的时候，爱是两个人一起的付出和成长**。除了你的父母，没有人应当永远爱着你哄着你不管你怎么作，也没有人的爱是真的不求任何回报的。你觉得他应该这样那样对你的时候，要先想想自己是否在爱情里做到了付出，是真正的付出，时间，精力，喜好，陪伴，而不是仅仅觉得，放弃单身本身就是一种付出。

如果你既想要单身的便捷，又想要两个人的温暖，那你的爱，早晚要灭亡。

爱自己是第一位，没人需要你那么伟大

好友 A 离婚了，找我来喝茶。其实她们的婚姻表面上看上去没什么大问题，这个更让人觉得难以置信。好友一句话道破玄机："其实我们的婚姻第二年就开始出问题了，但这十年，我一直隐忍着我自己。为了让父母满意，亲戚满意，朋友满意，只有我一个人痛苦。这十年我过得跟单身没什么区别，等我说受不了了想要离婚的时候，其实对方也早就一直在隐忍。所有的人都来指责我们，来劝我们。我终于知道，没人会真的听我们说说话，能真的疼爱我们，连父母都不能。"

很多人总觉得，自己做什么都是为了别人好，自己特别伟大，别人就应该感恩戴德地觉得你是大好人。当你有困难的时候，别人就理应理解你包容你疼爱你。但很多时候，当你的好成为了别人的习惯，你只是在自己眼里伟大，在别人眼里就是一种必然而已，伤心和辛苦的，只有你自己。在成年人的世界里，父母也不会什么事情都理解你，你若不爱自己，真的没人会爱你。

怀孕以后，我反应特别大，因此总是各种不舒服。家里人总是说："做妈妈很辛苦，也很伟大的哦。"可其实孩子不需要一个伟大的妈妈，我所受到的辛苦只是正常的生理反应，谈不到什么伟大的高度，未来 20 年为孩子赚钱和操心也是为人父母的义务和责任，也谈不上伟大。我只想好好提高自己，做一个漂亮而有内涵的妈妈，但我并不想要变成一个伟大的妈妈，因为我怕，自己以为的很伟大，会彻底毁了孩子。很多人不知道，每年高考后，我都会收到很多高三考生的来信，98% 的小朋友都说："我的爸爸妈妈太伟大了，为了我放弃了很多很多，我没考好，他们总觉得我挥霍了他们的希望，觉得我不懂事。可是我懂，所以我觉得很对不起他们，我好想自杀。"这些心情这些话，可能永远都不会有父母知道，他们太伟大的爱已经让孩子承担不起，甚至是沉重的压力和负担。

同事小 V 之前查出有甲状腺肿瘤，必须手术切除，这个病多是喜欢操心劳累辛苦的人群易患。如果说我是个没心没肺休假两天就忘了上班是啥意思的人，那小 V 绝对属于拼命三郎工作狂，亲力亲为操心忙类型的。所以，当我知道她得了这个病，一点都不奇怪。但小 V 并没有立刻去住院手术，而是辞职去学跳舞了。每次我们见面，她都提着跳舞的东西，见面前后都在跳舞，据说每天都要从早晨 9 点跳到晚上 22 点，体重都下降了 20 斤。我们都感叹小 V 是疯了吧，但其实我们都明白，小 V 终于学会了爱自己，学会了让自己先幸福起来。**谁的职场都会忙碌辛苦，免不了有加班熬夜，但一定要先让自己成为一个内心幸福的人，才会在一天埋头十多个小时之后依然觉得满足而充满希望。**

亲子关系如此，职场经历如是，婚姻与恋爱关系里，比比皆是。几乎每个人的分手，都会有一方哭诉："我对他那么那么好，为什么他就爱上了别人？""为什么我什么都肯为她做，她却什么都看不到？"无论男孩女孩，一旦深深爱上一个人，都会有一份为对方放弃和牺牲一切的心，谁都不例外。刚结婚的时候，我也会在周末早起给 G 先生做饭，他也会帮我收拾东西，但事实上，他希望在周末醒来的时候翻身就能抱住我，而不是在吃了午饭后听我说："你看我对你这么好，大周末早起给你做午饭。"而我需要按照自己的习惯知道东西在哪里，而不是在样板间一样整齐的房间里过得小心翼翼。很多时候，婚姻并不需要多么大的牺牲与付出，给对方 TA 想要的，就是最好的爱，而不是按照自己的想法给了对方并不需要的，还要强调自己是多么伟大。

好友 A 有段时间正在欧洲旅行，一副单身自由派的洒脱。我问她："你刚离婚几天就跑那么远，这是被你爸妈和狐朋狗友给叨叨走了吗？"A 说："十年婚姻，我学会的最重要的一条就是要先爱自己，其他的我都不在乎了，爱谁谁，通通滚蛋吧。"

你早晚都会走进买房买车赚钱养孩子的生活里

逼婚，对我而言都算不得什么。最绝的是，我马上要结婚之前的那个春节，有个亲戚在全家聚会的时候问我："你换男友了吗？"当时，我一惊，没有反应过来。我妹赶紧说："我姐都要结婚了，你瞎说什么？"

这恐怕是比逼婚更加让人难以理解和难以接受的吧，反正总有人不想让你好过，这就是我们的亲戚。但是别害怕，我们都一样。

逼找对象逼结婚逼生孩子等等，一直是人民群众喜闻乐见的春节传统项目，很多人不屑，很多人痛恨至极，很多人还走上了"老子这辈子就是不结婚爱咋咋地"的路。

这件事，往好了想，是父母辈的担忧，他们害怕不安定的人生，害怕平静的生活被突如其来的不可抗力打扰甚至打断。他们的生活里不曾有过千变万化和日新月异的世界，只有贫乏的物质带来的千篇一律的生活。他们也不曾理解，我们长到二三十岁一直生活在稳定里。他们缺乏的，是我们最不缺乏的。

　　当然，还有一个特别现实的理由，就是希望你过得不如自己好，永远有个能被吐槽的点，好让人不断地提醒你，你还得不够完整，你可不如我家孩子，你可落后别人了啊。再或者，就是希望你过得和自己一样，不断地提醒你，你看看，没结婚没孩子算不得什么好人生，你就是再牛 × 挣钱再多再走遍世界没结婚没孩子就屁也不是。当然，等你结婚了有孩子了，千万别以为就轻松了，又会涌来一拨大军告诉你，怎么带孩子，什么学校好，怎么教育孩子，如何让小崽子听你的话。你若要有一点点标新立异，立刻就有一帮人出来继续吐槽你，觉得你会养出一个千年王八龟孙子。因为那些有点经验的人，都想来指导指导你的人生。

　　没结婚的时候，我也被逼婚，我妈在担心，我这么一直在北京租个小房间漂着什么时候是个头？回老家，似乎不可能，但留在北京，什么时候是尽头呢？那时候，我根本没想过什么时候是个头的问题，也没想过就算结婚了生孩子了生活就一定会稳定和幸福得什么都不愁？而我的亲戚恐怕想得更多的是："在北京再牛 × 也还是没人爱，啧啧好可怜。"事实上，结不结婚，生不生孩子，根本不是稳定的条件，只是大多数人都在做的一件事情，更是亲戚们都在做的事情。你不做，就是不一样，不一样，就会觉得你不好。就这个逻辑。

只可惜，我还没到腾出一个空闲的春节让亲戚们逼孩儿的时候，就已经顺利生下了健康可爱的孩子，速度快到我妈都不相信验孕棒，非要到医院亲耳听见医生说才相信。这件事让我恍然大悟，要么你走在被别人提醒的前列，他们就会安安静静地闭嘴；要么你就坐在角落里别发言，千万别拿自己的绚烂生活给别人看，什么环游世界啦，什么学这学那了，因为逼你干这干那的亲戚，世界观里只有结婚和孩子，其他都是不务正业。

我已经结婚生孩子了，好像看起来不用发愁这件事了，写这样主题的文章似乎也不太妥当。其实我只是想说，别着急，也别被逼得烦躁，你要相信有一天，你会有自己想要的生活，可能是一辈子都不结婚，也可能和大多数人一样结婚生子。总而言之，过好自己的生活，比什么都重要。就好像很多人跟我说"有了孩子家里乱得跟猪窝一样都很正常，你那么爱整齐没用"，可现在，我家里真的依然还那么整齐。**我越来越相信，那些不怀好意拉你跟他们一样的人，多半只是生活中的 loser 想拉你入伙才能获得心理平衡，每个人真的都不一样。**

生活每天都有意想不到的事情，每个人都一样。不管你正享受着单身的自由，还是已婚的温暖，享受当下最好的自己，就是过好自己每一天的生活。我妈在我生了孩子之后说过一句话："两年前还担心你的未来没着落，现在都抱上外孙了，真是想不到啊。"

我还在单身的时候，大我十岁的老大哥同事跟我说过一句话："你早晚都会走进买房买车赚钱养孩子的生活里，好好享受现在的生活吧。"

逆境中，方见真爱

　　幼儿园同学小 A 来北京出差的时候顺便找我玩，席间小 A 给我翻看手机，一个小姐姐和一个小弟弟，以及他们的全家福。乍一看，吓我一跳，这爸爸不是以前的爸爸了，小姐姐也跟这个爸爸不像，只有弟弟跟爸爸很像。其实几年前我通过她的博客，见过她的前夫和当时的那个孩子，但多年不见也没聊天，新情况也没更新，我看出来了也不能问。

　　正当我犹豫的时候，小 A 跟我说："好啦，别猜了，我离婚了，又嫁了。这是我现在的老公，老大六岁了，是前夫的，老二是现在老公的，三岁了。你有什么想问的吗？"

　　"我想问，为什么两个孩子，都不太像你……"

　　"你太贱了！"小 A 说笑着回应我。小 A 安静下来，认真地跟我讲了她的故事。

小 A 跟前夫结婚的时候，很匆忙，刚毕业也不懂得什么是爱和责任，以为谈恋爱就一定要结婚。加上父母也一直说，没有完美的人，她觉得可能每个人的婚姻都是在一些不满中结合的。可是，当结婚后，他们的矛盾越来越多，彼此对对方的爱并没有那么多，婚姻成为了一个形式。很快，他们有了孩子，也没管是否婚姻幸福，就生了下来，就是那个小姐姐。再后来，小 A 在愈发不满中离婚了，带走了孩子，自己开了一家冰激凌店。一个女人带着一个孩子，这种日子想来很难，小 A 也不例外。幸好父母在身边，能帮她一把。有一天下雨，店里来了一个躲雨的客人，就是她现在的老公，等雨停的时间里，他们不断地聊天，这个男人也不断地吃冰激凌，据说回家后还胃痛了一整晚。这是多么狗血的好莱坞桥段啊，结局就是两个人快乐无限地在一起，又生了一个小 Baby。

我问她，现在老公对小姐姐好吗？她说特别好，跟自己亲生的一样，上下学接送，周末送培训班，带出去玩，都是老公在做。她有的时候也觉得过意不去，毕竟不是他的孩子，给他带来了不少麻烦。但对于老公来讲，他就是那么的不在乎，不在乎得让人觉得太假了。老公对她说，他也不知道为什么不在乎，仿佛一切都不在乎，他只爱她这个人，一切都可以接受。

小 A 自己都说，这样的话听多了，都有些不敢相信。她不知道自己是如何拥有这份爱的，大家都说女人离婚带孩子再嫁很难，她自己却遇到了这么好的男人，简直对上苍感激得不得了。当年结婚的时候，男方家人朋友都反对得不得了，是老公坚定不移地爱咋咋爱谁谁才让他们走到了今天。

世界上各种牛 × 的爱情故事看了不少，但那天小 A 的故事却让我特别感动，还特别有画面感。可能是因为她就是我身边真实的人，因此感觉特别真实，特别打动内心。我们相互加了微信，回家后我翻看她微信的时候，看到好多全家一起的照片，说真的，真的为她感到高兴，就好像为自己的事儿高兴一样。

俗话说，劝和不劝分，小 A 的故事，和我周围好几个离婚后又找到更好爱情的朋友们让我觉得，与其特别别扭地生活在一起，不如离婚重新寻找。都说失恋是下一个幸福的开始，离婚又何尝不是呢?

"我从来都想保护你，你是我的，我没想过别的，我不愿意有人伤害你。这才是爱：忘掉心动和闲话，也忘掉那些情书。逆境中，方见真爱。"曾在一本书中看到这句话的时候，心突然被击中，我把这句话一字一字打出来发给小 A，我想这就是她目前正在被包围着的爱。爱本身不分高低贵贱，但老公给她的爱，却让人感到了从未有过的坚定和踏实。

每一个人，都值得拥有爱与被爱的希望。每一个人的婚姻，都有自己决定开始与结束的权利。顺境中有很多让人心动的瞬间，但逆境中却是方见真爱。

你想不到的爸爸，其实他们很能干

在现在的社会，爸爸似乎很少参与到育儿过程中，这的确是个蛮残酷的事实。所以，很多专家都在呼吁"爸爸再不陪孩子，孩子就长大了"，还有很多明星爸爸的亲子秀，等等。事实上，这种情况的出现并不是因为爸爸不喜欢小孩或者不愿意带孩子，很多情况下是因为忙！爸爸通常要肩负家庭经济来源，早出晚归地工作，与孩子的作息不太相符，自然不怎么容易凑到时间和孩子在一起玩一会儿，更别提有什么参与和互动。而妈妈作为长时间在家照顾宝宝的人，对宝宝的生活起居更加熟悉，爸爸在行为上稍有不熟练便会遭到妈妈的嫌弃。久而久之，爸爸也就是来欣赏欣赏，其他一切都交付给妈妈了。我第一次把宝宝交到我老公手上的时候，我也很颤抖，很怕他把孩子摔了。

我们的社会总是强调母爱有多伟大，妈妈多么辛苦，无形中将养育的责任和义务都交给了妈妈，爸爸成为了不太靠谱，不太指望得上的那个。但事实上，**作为妈妈，或者作为任何家庭成员，都应该给爸**

爸更多的信任，鼓励爸爸参与到孩子的成长中，而不是一味地责怪，以及一味地赋予"爸爸只要赚钱就可以"的单一性职责，到头来却怪爸爸不管孩子。

我在一个妈妈群里面认识了一位爸爸，可能大家也像我一样觉得奇怪，爸爸怎么也混妈妈群？那位爸爸是个全能的奶爸，知道的育儿方法不比妈妈们少，于是我们亲切地称他为"月叔"。月叔说，看到老婆怀孕那么辛苦，生孩子那么受罪，心疼得不得了，因此主动全面地担负起照顾妈妈和孩子的责任。尽管工作很忙很忙，在单位还是个领导，每天上班和打仗一样，但下班到家就各种忙活，洗洗涮涮，临睡前给孩子喂奶，早晨早起带孩子遛弯，甚至还在某买买买网站上发表了采购母婴用品的心得。啧啧啧，谁说爸爸不管孩子，月叔就是最好的例证。

其实，爸爸能为宝宝做的事情有很多，从日常生活到外出游玩，很多事情都少不了爸爸的参与，相比日常由妈妈奶奶姥姥组成的女性育儿团，爸爸的参与，不仅能够让他们体会到妈妈的不容易，还能够增强爸爸对孩子的感情，同时能给予孩子来自另一个性别人群的不一样方式的爱。

你想不到的爸爸，他们其实很能干。

从我的宝宝一出生，我和老公就约定好，不会像很多家庭一样，为孩子的出现而分床睡，尽管可能两个人会很辛苦，爸爸每天回家要尽可能多地参与孩子的日常照顾，哪怕是半夜起来热个奶。现在我的孩子快要五个月了，每天晚上都会强撑着眼皮等着爸爸回家玩一会儿再一头栽倒去睡觉，甚至于每次看见爸爸都会高兴得哈哈大笑，这让我这个妈妈很是嫉妒，明明我陪伴的时间更久，怎么就不对我笑呢?作为一个男孩的妈妈，我更加希望爸爸的参与能够塑造孩子坚强的性格，让他从妈妈奶奶姥姥的女子养育团中看到得到来自男性的爱。

每个宝宝都需要有爸爸，像需要妈妈一样需要爸爸的日常照料。别再强调妈妈对孩子的重要性，而应当强调家庭对孩子的重要性。而爸爸，作为一个重要的家庭成员，应该得到更多的鼓励，去参与孩子一生只有一次的成长。

我们的妈妈，也曾年轻美丽过

在看《重返20岁》这部电影的过程中，笑泪参半，老公总是不时地伸手拉住我，或者把我搂在怀里，我不知道他是不是想起了什么，但我知道我想起了什么。

看着归亚蕾饰演的婆婆，在门厅里听到儿孙们讨论把自己送进养老院，看到杨子珊饰演的年轻婆婆听到别人说孙女嘴贱像自己，尴尬的表情，眼神里稍纵即逝的难过，我想起了我的妈妈和我的婆婆，两个母亲，她们养大了我和我的老公，现在在勤勤恳恳地为我们奉献老年时光里的光和热，但我们，似乎都习惯了。

我是单亲，以前我没买房子的时候，我妈不知道未来我们会怎么生活。她不想让我有负担，又担心我结婚要带着她一起住而找不到对象，于是主动说了好几次自己将来去住养老院，有退休金，跟很多老人一起生活会很开心。那时候我也不知道未来会怎么样，但听到这种话，心里就像刀割一样。

后来我给我妈买了一套房子，在我婚房的对面楼，两座楼之间隔着一条小区马路，走过去走过来只要五分钟。每天我们上班之后，我妈都会悄悄地来我们的房子里打扫卫生，洗碗洗衣服，买好水果和牛奶，然后悄悄离开。有时候我们提前回来了，我妈就像逃一样地离开。她说，她不想打扰我们年轻人的生活，要给我们二人世界，即便自己回到房子里孤独得不知道怎么办才好。

我妈经常为在超市买到很便宜的东西而高兴地与我分享，我总是以忙碌为由打断她，不耐烦地跟她说："我不差这几个钱，别跟我说这些鸡毛蒜皮的事情，我事儿多着呢。"我妈总是讪讪地停下来，眼神一下子就没落了。真的，一个人眼神中放出的光彩和被人不屑后的变化，一眼就看得出来，特别让人难受，但我还总忍不住这样说。

怀孕前期吐到全身惨白贫血，公婆来家里照顾我。因为婆婆是南方人，我是北方人，同一道菜但口味很不同。婆婆起初做的饭菜我闻到就吐得要命，也不好意思说别做了。婆婆晚上一个人自己难受得掉眼泪，她可是附近远近闻名的大厨，却让自己的儿媳妇吃不下饭，觉得自己很没用。

医生让我多吃牛肉补血，婆婆在家熬制了数十个小时的牛肉煲让公公送到我家来。公公坐了两个小时公车，路上摇晃着洒了很多汤汁。婆婆心疼得骂了他好几天，说那些汤汁的营养特别好，本来我食欲不好，就算不吃肉喝点汤也很补，早知道他弄洒了就自己来了。

　　之前有天婆婆问我早晨几点吃饭，准备给我做烙饼。我说八点半，但第二天八点二十就起来了。婆婆看我起来她还没做好饼，慌张得不得了，一直跟我说，马上就好马上就好。我在一旁自己热牛奶，她做好饼又来到我身边小声说："我来吧。"我说不用啦，一分钟就好了的。其实婆婆一周就来一天，她不在的时候都是我自己做早饭，但她总觉得自己在还让我动手就很不应该。

　　婆婆偶然知道我喜欢吃庆丰包子铺的牛肉馅包子，有一段时间每天早晨都去买，但每次只买我吃的三个，她和公公只吃剩馒头喝剩米饭熬的米粥。有一次我做蛋糕做失败了准备丢掉，公公接过来说他吃掉，扔掉太浪费了，然后就真的吃掉了那个难吃得似乎都没熟的蛋糕。

　　我们全家一起去旅游的时候，我和老公在前面欢快地奔跑，三个老人在后面跟着。我们经常回头喊他们，觉得他们走得慢，到处乱逛跟不上队伍，遇到喜欢的东西又死活不让我们花钱买，教了好几遍还不会看机票上的座位号，总是乱丢护照……

　　我想起很多很多小事，那些在我们身边天天都在发生我们却浑然不知的小事。归亚蕾饰演的婆婆是个典型的宠爱儿子孙子，嘴上厉害得让人讨厌的老太太，老公拍拍我说："看你婆婆跟她比起来，好太多了。"是的，可我是个高冷的儿媳妇，嘴上什么好听话都不会说，稍微寒暄几句都怕说错话。但我心里都明白，婆婆的好，妈妈的好，我心里都知道，可是却不知道如何表达。

我们的家庭里都有老人，我们自己有一天也都会老。可是，我们却从来没想过自己变老的时候会是什么样子，什么状态，过着怎样的生活。我不知道，当有一天我老的时候，我的孩子会如何对待我。这也是我在整个影片当中突然想到的问题。我能不能像对待自己女儿一样对待儿媳？如果我帮不上他们什么忙，会不会被嫌弃？

我妈常说："我总觉得自己还年轻，可是一睁眼，发现自己已经快要 60 岁了。我是真的老了，你看，我现在擦擦地板都会觉得累，还要休息一会儿，以前是断然不会的。"我也总是跟我妈喊"妈，帮我拿下快递"、"妈，帮我拿杯水"、"买个香蕉怎么去了那么久的时间"、"你这一天也没干啥啊，怎么会累？"我忘了，她已经要 60 岁了。

我忘了，我的妈妈和我的婆婆，也都年轻过，她们都有过自己的梦想，自己的青春，理想与抱负，和今天的我一模一样。我妈年轻的时候是学校的风云人物，是大队干部，是远近闻名的能干姑娘。我婆婆是村里数一数二的美人，白皙的皮肤，苗条的身材，是当地有名的裁缝，好多人家的小伙子都来提亲，好多大户人家都钦点她去为全家做衣服。我见过她们年轻时候的照片，和我现在一样的年轻，比我好看，更比我清纯。我不知道，那个时候的她们有没有想过老了以后，就是自己今天的样子，如果让她们回到照片里的那个年代，她们是否还愿意做我们的母亲，是否还愿意像今生这样为我们付出。

影片结尾儿子跟杨子珊扮演的回到 20 岁的妈妈说："如果可以再年轻一次，就不要再回来了，不要再回到这个家受一次苦。"妈妈却说："如果还可以再年轻一次，我还会这样活，因为这样才可以做你的妈妈，你才可以做我的儿子。"听到这段戳中泪点的话，我和老公都在默默地掉眼泪。

鸡毛蒜皮也好，婆婆妈妈也好，小气计较也好，鼠目寸光也好。重返 20 岁，我们的妈妈，也曾年轻美丽过，她们只是为了我们，变成了今天的样子。

为什么孩子总体会不到父母的辛苦

有位朋友总跟我说，她正值青春期的孩子每天不学习，乱花钱，为什么这么大的孩子了，还丝毫不知道父母赚钱的不易，一点不懂得体谅父母？伤心之余，不知道儿子什么时候才能长大，拼了老命赚钱养家，到头来孩子还觉得父母提供的条件不如同学家好。

看到这里，很多人可能要破口大骂孩子不懂事，现在的孩子都宠坏了，将来进入社会也是废材之类的。别着急，这并不是个案，小时候的我们，以及我们未来的孩子都有可能会这样。可是，这究竟是为什么呢？

在和好友魔云兽讨论幼儿心理教育的时候，我们也谈到了这个话题。我读过的一本法国妈妈写的育儿书上有一条：家长每天回家要与孩子适当讲讲自己今天上班都在做什么，很辛苦之类的，一来让孩子从小就开始了解成人社会的游戏内容，二来通过沟通了解父母的辛苦。

这不仅仅是一种单纯的了解，而是让孩子成为平等的家庭成员，参与到家庭生活当中来。

起初读到这段话的时候，觉得非常新鲜。回顾我们小的时候，父母几乎不会跟我们讲他们上班在干什么，有多么辛苦多么忙。每个父母都给自己的孩子营造一个与世隔绝的快乐小世界，来让自己的孩子愉快地成长。无论父母在外面多么辛苦和劳累，回家总会若无其事地面对孩子，在孩子需要任何物质的时候，毫不犹豫地买买买。这样生活在世外桃源的孩子，等到了青春期开始叛逆的时候，你让他了解父母的不易，他去哪里了解呢？他不仅不会明白，更会觉得莫名其妙，甚至觉得为什么同学的爸妈就不叫苦叫累，我父母为什么总说辛苦，是不是他们太无能了？

我们从未将孩子带入与我们一样的成人世界里，只是在我们认为对他付出了但没有得到相应回报的时候指责他不懂得我们的辛苦。就好像我们不努力工作的时候，老板指责我们不懂得他创业的艰辛，可没有跟他一起打拼过来的人就真的是没看见不懂得。只是，不好好工作的员工可以开除，但不体贴你的孩子你不可以丢掉。

当然，也要分孩子，性格比较开朗或者比较淘气的孩子可以从小和他沟通父母的工作内容，每天在忙什么，遇到怎样的困难，又是如何解决的，在公司员工家庭日的时候，带孩子一起去参观爸爸妈妈上班的地方，以及了解家庭的开支。但对于内向敏感的孩子，稍微多用积极阳光的语言来沟通，否则会造成孩子闷在心里成为精神负担，总觉得是因为自己，才让爸爸妈妈那么辛苦那么累。我以前文章里写过一个朋友，就是因为父母说了太多工作中同事给予的中伤和诋毁而不得解，孩子从小就觉得帮不到爸爸而感到自己无能，现在遇到事情就逃避得厉害。

　　俗话说，孩子是父母的一面镜子，孩子的一言一行都是父母行为的投射。这话一点都不假。无论是从婴儿时期在白纸上画画一样的教育，还是长大成人后孩子的思维方式语言举止，养育都不仅仅是养活而已，更是一件不间断地费心费力的事情。如今有很多国内外的高级的育儿书教育新手爸妈怎么教育孩子，但其实无论出现怎样的问题，换位思考一下如果这个问题出在自己身上，是什么原因造成的呢？这样一来，你会觉得孩子其实没那么糟，教育其实也没那么复杂。

都是成年人，为父母分忧不丢人

我曾收到很多来信，大体意思就是家境普通，工薪父母，自己想要去留学，想去得不得了，家里支撑不起。但自己就是想去，想让父母卖房子借钱给自己留学，因为这是自己的梦想，想要坚持一回，问我行不行。我没留过学，也不知道留学要花多少钱，也不知道毕业后多久能把这借钱的窟窿补上。我就说说我自己的经历吧。

大学第一年的时候，受到新东方的启发，我的第一个梦想也是留学。为此，我拼命学外语，起早贪黑地学，大二就考完了一系列的各种考试，把同学甩几条街不是问题。我还拼命泡寄托、太傻论坛，看多了别人的经历，自己好像也是留学人士一样，甚至幻想着他们在异国他乡的生活状态，仿佛自己也孤灯夜下了一样。很快到了大三，可以准备申请了，但我发现一个问题。留学不说奖学金什么的，光申请邮寄材料什么的就要花上挺大一笔钱。可能这部分钱对很多人来说不算啥，但对我一个单亲家庭，只靠我妈一个人赚钱养家的我来讲，还是挺贵的。我一个文科生，申请到奖学金的几率太低了，加上也不是名校，能给我个 Offer 就不错了，奖学金就不要想了。大概算了一下读下来至少也要几十万吧，而我家当时全家加起来也就有几万块，就是砸锅卖铁也不够。当然，我要非要上，借钱也好，卖房也好，总归是有办法的。但我觉得，家里的钱都是给家人应急用的。说白了，这就是我妈养老的房子养老的钱，如果有天我妈病了需要钱，我什么时候能赚回来这些钱？

想到这些，我决定放弃出国留学。那考国内的研究生呢？我觉得对于一个并不富裕的家庭，最重要的是赶快赚钱。虽然研究生是公费的，但时间再拖两三年，并不是什么好办法。我已经读书读了这么久，早就迫不及待地想赚钱了。经济基础决定上层建筑，我必须要赚钱，先让我妈过上比较舒服的日子，再去考虑我自己的各种梦想。

所以，当我分析完这些策略以后，我毅然决然地决定去工作。继续读书当然是我想要做的事，但作为一个成年人，我有责任为家里分忧。就这样，我走上了找工作的道路。

首先，从大三下学期开始，我开始了为期到毕业的实习，整整 14 个月，除了偶尔的请假，大体上都没有间断过。我学校一般，个人能力放北京也就一般，除了下工夫努力点，勤奋点，也没什么别的办法了。就这样连续 14 个月，一个比一个牛的国际公司实习经历，让我在找工作的时候竞争力还不错，进入了我心仪的一家跨国公司。谁都没想到，这连续的 14 个月，让我之后省了几十万。至此，我开始经济独立，不需要我妈再给我钱了，这样我妈就有钱让自己过得更好一点。

除了工作，我开始写博客，每天一篇1500字，运气好，第一篇文章就上了新浪首页，引来很多的关注。三个月后，就接到各种媒体的约稿。起初不给钱，然后慢慢有个五十一百的。由于工作的关系，认识一些媒体朋友，有几本时尚杂志的媒体老师熟悉后，给了我一些帮他们撰稿的机会。稿费一般就三两百，一般会拖一两个月付款，有时候没钱就给些名牌化妆品代替。那时候工作也忙，几乎天天加班，因此打车费和晚饭钱都是报销的，写稿晚上回家夜里12点以后写。写过很多，化妆品、汽车、健身中心、迪斯尼乐园等等，也不是什么都会写，不会就使劲儿想办法，经常搞到三四点。给媒体撰稿的第一笔钱是300块，我买了一件原价1000元打折后300元的小棉服，穿了很多年。现在早就不穿了，但依然在柜子里，作为一个纪念。

日子总会慢慢好起来，工作每年要升职加薪，写作也慢慢开展起来，收入也慢慢多了起来。电影也好，出书也罢，或者撰稿约稿，以及各种活动和机会都会不间断地带来收入。我那么喜欢钱，能存起来的钱越来越多。

其实存钱也没有想法，就一股脑去存钱，至于未来怎么安顿，到底要存多少钱才算安顿好生活，让我妈过上好日子，我并不是太清楚。那时候我还单身，也不热衷于消费，只是单纯地存下来一笔钱就交给我妈，让她去买买买，虽然她什么都不舍得买。那时候我妈很愁，这样的日子什么时候是个头，什么时候能结婚生孩子安顿下来，而不是在 10 平方米的出租房里年复一年？

　　某天朋友刚买了房推荐我们几个去看看小区，我大概问了下最小的户型，数数钱，又借了点，一周后去签了合同买下来，再等签完贷款合同，过户完大约一个月时间。北京的规矩是纳税满五年才可以买房，因为我大三开始提前纳税了 14 个月，因此大概工作三年半左右就买房了。这提前了的 14 个月，为我省了几十万。那个时候才感叹，曾经经历的辛苦，坚持了那么久，想不到在这儿回报了一下。

　　这是我跟我妈在北京的家，一个稳定的不需要搬来搬去看房东脸色的家。很多人说，租房也可以是家，没必要非要买；稳定是靠内心，不是靠房子。但我妈就喜欢自己的房，这样也才有安定感，所以我就买，没什么可争议的。我辛苦挣钱，就是为了让我妈过得安心舒服自由自在，她能不再为生活担忧，我就放心了。

　　再后来，我谈恋爱，结婚。老公本身有房，入住老公的房子作为婚房。别问我如果男人没房嫁不嫁的问题。不管男人有没有，我有。但如果他有，我没有，我会觉得不安心。我不希望我妈将来跟着我住进男人买的房子里，会住得不踏实，就算老公愿意我也不愿意，这也是为什么我坚持要买房子的原因之一，也是一个单亲家庭小孩的自尊心＋玻璃心。

　　现在，我在休产假。每天看着我妈红光满面，健健康康，谈笑风生，含饴弄孙，我觉得这应该是一种比较安定和舒服的生活了吧。接下来，我可以重新捡起很多曾经的梦想，同我老公一起，生活正一步步坚实和安定起来。

可能你会说，20 岁和 30 岁留学和追求梦想的心情是不一样的，这话特别对，但给父母带来的压力和生活质量的改变也是不一样的。如果你和我一样是普通家庭，平凡父母，你信不信，如果有一天你突然不打招呼回家，看到父母的晚餐很可能只是简单的青菜稀饭花卷。

或许，这条路听起来有点累。可能，并不是所有平凡家庭的孩子都需要走这样一条有点辛苦的路。我只是分享我自己的想法和经历。我不知道，如果我不是单亲，我是否还会这么努力。我也就是个普通人，没什么特别崇高的理想。就想着我这么大人了，应该开始回报父母，先让他们过上好日子，再去追求自己想要的东西。**我觉得，自己都已是成年人，别再给不富裕的父母扎上一刀，为父母分忧，不丢人。**

小时候，我爸就是这么做的

给我家小朋友搭蚊帐时，研究半天安装，搭好了又钻进去看了又看，唯恐百密一疏，让蚊子飞进来。把睡着的小朋友抱进去，又上上下下地看，看有没有蚊子已经飞进来。最后关上蚊帐的门，又担心半夜门开了蚊子飞进去，到处掖蚊帐角，确认没问题后才离开。半夜又觉得蚊帐有点密，会不会太热不透气，又拉开一点门，喷了防蚊液在蚊帐表面，才转身睡去。这一系列动作总觉得那么熟悉，想了很久，原来，我小时候，我爸就是这么做的。

我记得，小时候最开始我没有蚊帐，每天晚上我爸都来我的小房间到处检查房间的每一面墙，每一个角落。我们家住二层，蚊子可以很轻易地飞上来。所以，每天晚上我爸都是检查仔细了才会关上门离开。晚上只要我听见蚊子响喊一声"爸，蚊子"，我爸立刻会从睡梦中醒来，冲到我的房间，挡住我的眼睛打开大灯泡仔细找蚊子。后来，我有了蚊帐，我爸每晚除了检查房间，还会检查蚊帐，和我今天检查儿子的蚊帐一样，仔仔细细，确认无一疏漏之后才会离开，经常半夜还会过来检查下我是否踢开了蚊帐的门。如果我就这样还是被蚊子咬了一口，我爸总是第二天打死蚊子后，盯着墙上的一片血恶狠狠地说："你看，都是你的血，怎么就不咬我呢？"

人们都说，每个人都要在有了自己的孩子后，才能体会到父母对自己的感情。对于我来讲，我体会更多的是每个动作背后隐藏的所有小心、谨慎、耐心与关爱。怀孕的时候，我以为我不会对孩子那么尽心，即便是生出来的前两个月，我对孩子的感觉也仅在于拍拍照喂喂奶，出去玩一天也想不起来还有个孩子。但随着时间慢慢推移，以及养育之间的互动，我所传承下来的，不仅仅是爱，更多的是爱的方式。我哄他睡觉时唱的儿歌，哭闹的时候抱着他来回走，逗他玩的时候，无一没有我父母的影子。即便一代代的养育方式有所不同，但爱，却丝毫不差地传承了下来。

记得小时候，爸爸总是把我的衣服放在房间里，而不是挂在卧室门上，他总说一关门，就好像把我关在外面了。每当我把小朋友的衣服丢在别的房间，总是会想起这句话来，心里真的觉得好像把小朋友丢开了，又心里戚戚然地把衣服玩具拿回来，也不舍得他的东西被放在我看不见的地方。

小时候住在很远的姥姥家，每周一早晨从家直接去学校，总是五点半就要起床，爸妈基本上四点半五点就要起来开始准备早餐和收拾，然后再送我去车站。我一直不知道，是什么精神和能力促使他们每周一都那么早起，持续了整整十年。当我有孩子的时候，我发现半夜起来喂奶并不是件痛苦的事情。他只要一哼哼，我就能很快醒来，冲奶、喂奶、洗奶瓶、消毒这一系列动作我都能精神抖擞地完成，即便他要哭两声闹两下也会很耐心地哄睡了他再自己睡。

小时候电视里说小孩子要喝牛奶，于是天天让我喝。过一段时间又说喝牛奶不好，又不让我喝了。这样来回反复了很多次。我至今都不知道到底喝不喝，只记得爸爸老在这件事情上纠结，每次电视上播完总对自己曾经的做法后悔不已。

我爸是一个普通的工人，我常在工厂里跑来跑去，在铁板上蹦，在车床旁边站着看，用工厂里的砂纸磨铅笔，去厂里找我爸拿钥匙。在我的印象里，爸爸一直很宠溺我，宠到 18 岁还给我倒洗脚水，所有的事情都陪着我玩。以前，我一直觉得商场儿童区里的孩子爸妈真可怜，陪着孩子玩一整天，自己什么都干不了。现在才明白，能带孩子出去玩，看到他好奇的眼睛滴溜溜地转，是多么满足和有成就感的事情。

有时候在马路上看见人来人往，总会想，这么多人，小时候都曾是爸妈的手中宝，我们每一个人，都能了解那种心头肉的爱之切吗？

2014 年年尾，我生下了这个小宝宝，一只小小的马。

这一年，距离我爸爸去世，整整十年。

老公说，要是姥爷在世，他一定很爱这个孩子。

我说，那不一定啊。

老公说，一定会的，他曾经那么爱你，爱到远近闻名。

是的，他曾经那么爱我。

从幼儿园出来总要等汗凉了再出门，耐心地站着等我汗落。

我在幼儿园摔伤，他连夜去找园长。

教我滑旱冰，自己摔得满手满腿都是伤。

把水果切好，站在我身边一口一口喂给正在写作业的我。

住校的第一天，偷偷到学校门口看我，又悄悄离开。

因为我爱吃烤红薯，自己做了一个烤红薯的锅。

听我吹牛，听我胡侃，听我讲每一个其实不好笑又幼稚的学校趣闻。

我不知道，如果爸爸在世，是否会很爱很爱我的孩子。

或者说，他会怎样很爱很爱我的孩子。

会像外婆一样宠溺？

还是像我一样想要时刻陪在身边？

我已经快忘了有爸爸的生活。

我只知道，

现在我有能力给他买他想要的所有电视了，

但商场的电视柜台前，却再也没有了他。

那些曾不理解的付出和牺牲

时至今日，孩子半岁多。每次抱他起来玩，或者哄他安然入睡，心底依然有强烈的感觉，他是他，我是我，我们之间的纽带似乎并不是那么清晰。他是我生物学上的孩子，从我的身体中孕育和诞生出来，但却在精神和人格上完全独立。我花了很久的时间，才接受了他和我的生物学关系，甚至在刚出月子出去玩了一整天的时候，都想不起来，还有一个孩子在家里。

很久以前，像很多人一样，我也不喜欢小孩，觉得很吵很闹，又要花很多钱，天天小心翼翼的日子着实难受。那时候，天天跟职场闺蜜一起下班路上，讨论起将来结婚生小孩，总是一副嫌弃的样子。天知道，如今的我们，前后脚差半年在不同的国家生下自己的孩子，相隔万水千山之间，我们突然明白，**很多我们曾以为不可思议的付出和牺牲，都是本能。**

回想起来，最痛苦的便是孩子两三个月的时候。月嫂刚走，自己开始晚上带孩子，两小时起来喂一次奶，孩子睡了自己再去吸奶。担心吵到家人的休息，于是自己去书房开着电脑一边玩一边吸奶，半小时很快就能过去。很多很多个夜晚，我一点点看着时间一小时一小时度过，从深夜到清晨，每一秒钟自己都是近乎醒着的状态。很多人觉得天哪，简直不可思议，太辛苦了。但对于每个妈妈来说，这似乎并没有什么，都只是本能而已。每次半夜起来，都能看到妈妈群里很多人在不同时间跳出来打招呼并相互聊天。我们漫天扯，经常忘记了时间，一聊就到了早晨。最愉快的就是买买买了，半夜刷各个电商网站，各种秒杀抢购都是我们的!

几年前朋友生孩子，晚上自己起来喂奶，不需要老公帮忙，辛苦得很，那时候我们都很不理解，干吗不让老公起来一起帮忙，也太惯着你老公了。可到了自己的时候，才发现，晚上把还要白天上班的老公吼起来一宿一宿不睡，是一件然并卵的事情，帮不上什么忙。很多人说，这是女人的自我牺牲，凭什么不让他起来感受一下辛苦? 凭什么让自己变成黄脸婆，让男人呼呼大睡? 可能是因为爱，可能是因为本能。或许我们白天还可以跟着孩子一起休息一会儿，但老公还需要全身心地工作，不能有任何差池。这个社会对女人带孩子的辛苦有所宽容，但对男人没有。当我们没在其中的时候，都感受不到。当说风凉话的自己也有那一天的时候，才能理解那时那刻的心情。

很多话，不能说得太早，这是我有孩子之后最大的感受。以前这也不理解，那也看不惯，不懂得父母对自己为什么爱得那么小心翼翼，为什么表姐对孩子的关心近乎矫情得像个神经病。没结婚的时候大谈婚姻就是个大坟墓，没孩子的时候觉得孩子就是个拖油瓶。但大多数人，终有一天会走进婚姻和孩子的世界里，这并不是一件丑陋的事情，更不表示你的人生开始庸俗。这是人生的一个全新阶段，一个从未面对和经历过的世界。单身并没有什么不对，结婚生子也是人生的一大快事。没必要极端地点评什么，都只是人生的不同阶段而已。

曾听新闻说，一个妈妈在被卷入电梯的时候，把孩子托举起来。很多人觉得妈妈很伟大，但只有做了妈妈的人才会知道，那一刻每一个妈妈都会这样做，这并没有什么伟大，这就是一种本能，作为母亲的本能，作为一个人保护幼小的本能，谈不到伟大的层面。以前我们总会宣扬母亲的伟大和牺牲，比如我觉得如果我家只有一个苹果，我妈肯定让我吃，这就是牺牲，并且我也很生气，为什么她不能更多地关心自己。但现在我也会给我的孩子吃，这并不是个什么事儿，更谈不到牺牲。我越来越清晰地感觉到，作为妈妈，本能让我做出的种种选择和行为，让我更加理解我的上一代人，并且让自己对人生和家庭的理解更加深刻和宽泛。当我的内心迎接到新鲜的体验和经历带来的心灵撞击时，那种感觉真的很棒。

希望能一直陪在你身边

对多啦 A 梦的情愫，要追忆到四五岁的时候。每天午觉醒来，都要看一集多啦 A 梦的动画片，那时候我们叫他机器猫。长大的这十多年，每每偶然看到机器猫的动画片都会停下来重温一遍。现在看来，那些画面很简单，情节也很幼稚，但却忘不掉童年那些午觉过后热热的夏天，一集机器猫，一根冰棍，就是一个小孩最美好的一天。只是想不到，那么多集的机器猫，成为我生命的一部分，似乎没有哪一部动画能有如此印象，好像成为童年生命的一部分。那个时候，还没有看过结局的我一直觉得，多啦 A 梦是不会离开大雄的。因此，永远地陪伴，不离不弃地陪着大雄的多啦 A 梦，成为我内心一直特别想要的东西。

和老公恋爱的时候，有一次我们一起看一部爱情电影，他在我身边轻轻地说了一声："我觉得有一天，你会离开我。"我心里一惊，整场电影都没有看好，心里乱乱的。我和 G 先生的感情，以我的执着开始，以他的温暖发展，在外人看来不可能在一起的两个人，就那么很意外地在一起了。也许，对于 G 先生来讲，我就是那个不安定因素，很美好地出现，却不知道是否能永远停留在他身边。那些年，我还是个慌张而又灵动的姑娘，闪烁的眼神中充满着不安分。或许，对于 G 先生来讲，我就像那多啦 A 梦一样，是那个执着的一瞬间，时间向前走，我终究会消失一样。我很生气，也很难过，尽管那时候我也不知道我们是否会在未来的某一天分开，但就像电影中的那句话：**"希望能一直陪伴在你的身边，为你付出，这执着的一瞬间，永远不会忘记。"**

后来，我们一起去了日本，我们真的来到了藤野不二雄的博物馆，那个多啦 A 梦之父。其实参观了一大圈，还是没明白多啦 A 梦到底是哪个世纪的，他到底会不会离开大雄。从展馆一层的多啦 A 梦诞生开始，到未来 100 年的时光机；从满院子的道具，到琳琅满目的纪念品商店。我们买下了一幅多啦 A 梦的海报，准备装裱在墙上。之后，我们就结婚。你看，我没有走，我一直在你身边。尽管你觉得美好得像假的一样，但我真的没有走。我们成为了彼此的多啦 A 梦，我童年里那个不会离开彼此的多啦 A 梦。

我心里的多啦 A 梦是永远不会离开大雄的，尽管电影《多啦 A 梦，伴我同行》中的他还是在大雄和静香在一起后，回到了 22 世纪。我还记得动画片中，多啦 A 梦刚到大雄家时的不适应，可当看到他离开的时候，眼泪还是忍不住落下来。我们都长大了，包括大雄、静香以及多啦 A 梦。我们彼此活在对方的童年里，再回首，那些曾经在我们身边的人，你们都去哪儿了？我们如沧海一粟，散落在世界的各个角落里，如迷雾一般，再也找不到彼此。或许，就算我们找到，也相互无法再认出来了吧。这一路我们跌跌撞撞，生命的路上，我们遇见，成为朋友，又分开，遗忘在回忆的角落里。也许有一天，我想起彼此，只如珍珠般散落在生命的银河里，随着很多很多珍珠一起，奔涌向前。

再出发，喜欢每天都努力一点点的自己

一件事情坚持 21 天就可以成为习惯。我坚持了 21 天每晚孩子睡了以后在网上上英语课，开始很难，每天都想找理由不上课，于是我逼自己坚持下来，21 天后口语、听力甩以前几条街。

怀孕生子，很多事情停滞了下来。差不多两年的时间，大部分时间都会被怀孕的身体反应以及孩子出生后的琐碎占据。可以做一个不管孩子的工作狂妈妈，但会失去孩子的依恋，像刀割一般的心疼；也可以做全职妈妈，但又担心天天在家待着对自己和孩子也并不是百分之百的好。每天上班，下班，回家用仅有的时间陪孩子到他睡着，再蹑手蹑脚地开始自己的晚安时光。是的，每天晚上 8 点以后到凌晨 2 点，就是我的晚安时光。

我一直幻想着，每天的这六个小时，都会是我独处的时光，可以看看书写写字，事实上，没有一天是这么安静地过的，哪怕只有半小时。

不是在收拾屋子，就是在整理东西，再或者是完成一些工作，以及处理一些家庭和个人琐碎的事。很多很多事情，在不知不觉中停下来，比如读书，比如写字，比如没有了灵感，比如在看到工作的内容感觉渐行渐远。现在，我突然理解了，为什么很多公司不愿意要适婚年龄的女性，很多曾经的信誓旦旦，在生命的画面转到这一篇儿的时候，由不得你。着急，焦虑，恐慌，逃避，感觉周围都在各自的世界里欢呼跳跃，只有自己在黄色的灯光下寻找未来的路。

经历长达 10 个月的怀孕和 4-6 个月的产假，身体依然在缓慢地恢复，即便是看上去好端端的一个人，也存在着巨大的体力损耗。以前出门疯一天洗个澡还能看好几集电视剧，现在去健个身回来都能躺几个小时不想起来。即便家里有人帮忙什么都不用我干，依旧存在着定时定点吸奶，陪一个还无法明确跟你互动的孩子去玩，但心里想着还有一篇文章没写，上半截的书看到哪页了？依然会被手机里的买买买所吸引，在各国代购的消息中耗费了大把的时间。曾经努力奋斗的自己好像已经没有了，曾经天天关心的行业动态在几个月的不闻不问中已渐行渐远。这就是现实，但没人会告诉你该怎么办。我现在开始明白，一个女性在生育期间的变化，绝不仅仅是身体与精神的变化，更重要的是在社会中的自我价值的微妙改变以及对自身价值的认知与再出发。

我的周围有很多妈妈在生完孩子之后，走上了一条全新的道路，比如创业，比如辞职，比如干脆换一个行业，比如投身于孩子相关的事业当中，一半是因为从新的人生角色中找到灵感，还有就是原来的路，原来的价值观，原来的小伙伴和生活方式，再也回不去了。对于我来讲，很久没有耐心读完一本书了，晚上总被打断的睡眠让白天都昏沉沉的，倒是对买买买仿佛一夜间成为了小能手，但却也在和手机的亲密接触太久后恶心得想要扔了它。

我开始想要改变自己，我选择了学英语。有人问我，怎么一直都在学，哩哩啦啦这么多年。因为一直都没学好呗。我和老师定了每晚十点半在电脑上上课，每天晚上孩子睡了以后，都会在这个时间准时上课。很多时候，我都想取消今晚的课程，原因有很多，太累了，心情不好，还没收拾完屋子……但每到这时候也有另一个声音告诉自己，坚持下去，坚持 21 天，你不能再浑浑噩噩地过日子，你不能老觉得自己特别聪明什么工夫都不下就想什么都学会。

是啊，我一直觉得自己很聪明而懒得下工夫，以为随便看看学学翻翻书就能堪比别人几个晚上得来的辛苦。年纪越大越发现这是一个极其傻 × 的想法，内心渴望着来一场血雨腥风好让自己能下工夫好好学点什么。无论是参加培训班还是分享讲座，如果内心不重视起来，得到再多的资源又能怎么样呢？

21 天后的现在，课程表上打满了 21 天的学习记录，每个外教老师的评价我都一个个看，有的说我要增强语法，有的说要增强词汇量，上课的时候抓紧时间多说多练习。真的，21 天后，我都不敢相信，自己的口语比大学时候还要好。

我喜欢这个小小的开始，让我得到了一点点信心，让我觉得自己在用力地克服那些张狂的惰性，然后带着我，在重新慢慢返回社会的时候，看到了自己还能努力做到些什么。

曾经在刚进入职场实习和工作的时候，特别看不惯周围年长一些的同事天天买买买和炫包包炫鞋子的生活，觉得恶俗又没有意义，简直不是一路人。当有一天，我发现自己也喜欢上买买买的时候，内心的震撼与颤抖无以复加。现在我明白，买买买炫炫炫的生活并没有不对，也没有恶俗，只是每个人想要的生活方式不一样。作为一个危机感特别重的人，不断地努力才能让我有安全感。

我在慢慢找回当年的我自己。很高兴，最初的我还没有走远，它还在这里，我还是最初的样子。只不过之前跑得比较远，现在我叫住她，她已回来。

再出发，喜欢每天都努力一点点的自己。希望自己能坚持住，能拥有下一个时光里的灿烂和光芒。